计算机应用基础

孙 涌 李月峰 张明慧 主编

苏州大学出版社

图书在版编目(CIP)数据

计算机应用基础 / 孙涌,李月峰,张明慧主编. —
苏州:苏州大学出版社,2021.9(2024.8重印)
ISBN 978-7-5672-3651-6

Ⅰ.①计… Ⅱ.①孙… ②李…③张 Ⅲ.①电子计算机 Ⅳ.①TP3

中国版本图书馆 CIP 数据核字(2021)第 141034 号

书　　　名：	计算机应用基础
主　　编：	孙涌　李月峰　张明慧
责任编辑：	征　慧
装帧设计：	刘　俊
出版发行：	苏州大学出版社(Soochow University Press)
社　　址：	苏州市十梓街1号　邮编：215006
网　　址：	www.sudapress.com
邮　　箱：	sdcbs@suda.edu.cn
印　　装：	苏州市越洋印刷有限公司
邮购热线：	0512-67480030
销售热线：	0512-67481020
开　　本：	787 mm×1 092 mm　1/16　印张：17.25　字数：378千
版　　次：	2021年9月第1版
印　　次：	2024年8月第5次印刷
书　　号：	ISBN 978-7-5672-3651-6
定　　价：	46.00元

凡购本社图书发现印装错误,请与本社联系调换。
服务热线:0512-67481020

前言 PREFACE

　　计算机技术的飞速发展和广泛应用,正在不断地改变着人们的生产、工作、学习和生活方式,计算机技术已成为推动全球经济与社会发展的强大动力。为了适应社会发展的需要,满足当前高职高专教育教学改革形势,满足高职院校计算机应用基础课程的教学要求,我们组织编写了本书。我们在编写本书的过程中参考了《全国计算机等级考试一级计算机基础及 MS Office 应用考试大纲(2021 年版)》等文件,同时结合了计算机最新发展技术及高等学校计算机基础课程改革的最新动向。

　　本书与《计算机应用基础实验指导》配套使用,也可单独使用。本书主要包括如下内容:计算机与信息技术基础、计算机系统构成、计算机操作系统、计算机网络技术、文字处理软件 Word 2016、电子表格处理软件 Excel 2016、演示文稿软件 PowerPoint 2016。各章相对独立,读者可根据实际情况有选择地学习。

　　本书由孙涌、李月峰、张明慧任主编,秦晓燕、王莹莹、赵志敏、王颜任副主编。第 1 章由孙涌、李月峰编写,第 2 章由张明慧编写,第 3 章由王颜编写,第 4 章由李梅编写,第 5 章由秦晓燕编写,第 6 章由王莹莹编写,第 7 章由赵志敏编写。李月峰负责审稿、统稿和定稿,孙涌对全书进行了审校。本书在编写和出版的过程中得到了学院领导的大力支持,在此表示衷心的感谢。

　　限于编者的水平及计算机技术的飞速发展,书中难免有不妥之处,恳请读者不吝赐教、指正。

编者

2021 年 7 月

目 录

第1章　计算机与信息技术基础

1.1　计算机的发展　/1
   1.1.1　计算机的诞生　/2
   1.1.2　计算机的发展历程　/3
   1.1.3　计算机的发展趋势　/4
   1.1.4　未来新一代计算机　/5
   1.1.5　小结练习　/6

1.2　计算机的基本概念　/7
   1.2.1　计算机的定义　/8
   1.2.2　计算机的特点　/8
   1.2.3　计算机的性能指标　/8
   1.2.4　计算机的类型　/9
   1.2.5　计算机的应用领域　/10
   1.2.6　小结练习　/11

1.3　计算机中数据的表示与存储　/13
   1.3.1　计算机中的数据单位　/13
   1.3.2　计算机中的信息表示　/14
   1.3.3　数制及其转换　/18
   1.3.4　小结练习　/21

第2章　计算机系统构成

2.1　计算机硬件系统　/24
   2.1.1　中央处理器(CPU)　/24

2.1.2　存储器　/27
　　　2.1.3　输入/输出(I/O)设备　/29
　　　2.1.4　微机的组成　/33
　　　2.1.5　小结练习　/34
　2.2　计算机软件系统　/35
　　　2.2.1　系统软件　/35
　　　2.2.2　应用软件　/38
　　　2.2.3　小结练习　/38
　2.3　计算机操作系统　/39
　　　2.3.1　操作系统的概念　/39
　　　2.3.2　操作系统的基本功能　/40
　　　2.3.3　操作系统的发展与分类　/42
　　　2.3.4　几种主要的操作系统　/46
　　　2.3.5　文件系统　/47
　　　2.3.6　小结练习　/49

第3章　计算机操作系统

　3.1　Windows 7 的基本操作　/50
　　　3.1.1　Windows 7 系统的启动和退出　/50
　　　3.1.2　Windows 7 程序的启动、关闭和窗口的基本操作　/51
　　　3.1.3　任务栏的组成、操作及属性设置　/54
　　　3.1.4　"开始"菜单的组成与设置　/55
　　　3.1.5　小结练习　/58
　3.2　Windows 7 的文件管理　/58
　　　3.2.1　文件或文件夹的创建、重命名和删除　/58
　　　3.2.2　文件或文件夹的浏览、搜索、选定、移动和复制　/61
　　　3.2.3　小结练习　/68
　3.3　Windows 7 的系统管理　/68
　　　3.3.1　设置桌面个性化属性　/68
　　　3.3.2　用户帐户的设置和管理　/71
　　　3.3.3　系统输入法的设置　/73
　　　3.3.4　小结练习　/75

第4章 计算机网络技术

- 4.1 计算机网络概述 / 76
  - 4.1.1 计算机网络的概念及功能 / 77
  - 4.1.2 计算机网络的分类 / 78
  - 4.1.3 计算机网络的性能 / 79
  - 4.1.4 计算机网络传输介质 / 80
  - 4.1.5 计算机网络连接设备 / 82
- 4.2 Internet 与 Internet 接入 / 83
  - 4.2.1 Internet 概述 / 84
  - 4.2.2 Internet 应用 / 87
  - 4.2.3 小结练习 / 90
- 4.3 计算机网络体系结构 / 91
  - 4.3.1 OSI 参考模型及其功能 / 91
  - 4.3.2 TCP/IP 参考模型 / 93
  - 4.3.3 IP 地址 / 94
  - 4.3.4 域名系统 / 96
- 4.4 局域网技术 / 97
  - 4.4.1 局域网概述 / 97
  - 4.4.2 局域网的基本组成 / 98
  - 4.4.3 无线局域网 / 99
  - 4.4.4 小结练习 / 101

第5章 文字处理软件 Word 2016

- 5.1 Word 2016 入门 / 105
  - 5.1.1 Word 2016 的启动和退出 / 105
  - 5.1.2 认识 Word 2016 窗口 / 107
  - 5.1.3 Word 2016 的文档基本操作 / 112
  - 5.1.4 Word 2016 的文本编辑操作 / 117
  - 5.1.5 小结练习 / 120
- 5.2 Word 2016 的文档排版 / 120
  - 5.2.1 设置字符格式 / 120
  - 5.2.2 设置段落格式 / 124
  - 5.2.3 设置边框与底纹 / 126

　　　　5.2.4　设置段落首字下沉　/126
　　　　5.2.5　设置项目符号与编号　/127
　　　　5.2.6　设置分栏　/128
　　　　5.2.7　设置超链接　/129
　　　　5.2.8　设置脚注和尾注　/130
　　　　5.2.9　小结练习　/130
　　5.3　Word 2016 的表格应用　/131
　　　　5.3.1　创建表格　/131
　　　　5.3.2　编辑表格　/133
　　　　5.3.3　设置表格　/134
　　　　5.3.4　表格中数据的处理　/136
　　　　5.3.5　小结练习　/138
　　5.4　Word 2016 的图文混排　/138
　　　　5.4.1　使用图片　/139
　　　　5.4.2　使用形状　/142
　　　　5.4.3　使用文本框　/143
　　　　5.4.4　插入艺术字　/144
　　　　5.4.5　小结练习　/145
　　5.5　Word 2016 的页面格式设置　/146
　　　　5.5.1　页面设置　/146
　　　　5.5.2　设置页眉与页脚　/147
　　　　5.5.3　设置水印、颜色与边框　/149
　　　　5.5.4　设置分页与分节　/151
　　　　5.5.5　打印预览与打印　/152
　　　　5.5.6　小结练习　/153

第6章　电子表格处理软件 Excel 2016

　　6.1　Excel 2016 入门　/155
　　　　6.1.1　Excel 2016 的启动与退出　/155
　　　　6.1.2　认识 Excel 2016 窗口　/155
　　　　6.1.3　操作工作簿　/159
　　　　6.1.4　操作工作表　/161
　　　　6.1.5　操作单元格　/163

6.2 数据的输入与编辑 / 166
  6.2.1 数据的输入与填充 / 166
  6.2.2 数据的编辑 / 169
  6.2.3 单元格的格式设置 / 170
  6.2.4 小结练习 / 174

6.3 Excel 2016 的公式与函数的使用 / 175
  6.3.1 认识与使用公式 / 175
  6.3.2 函数的使用 / 178
  6.3.3 小结练习 / 187

6.4 Excel 2016 的数据管理 / 187
  6.4.1 数据分列 / 187
  6.4.2 数据匹配 / 190
  6.4.3 数据排序 / 191
  6.4.4 数据筛选 / 194
  6.4.5 分类汇总 / 196
  6.4.6 小结练习 / 197

6.5 Excel 2016 的可视化图表 / 198
  6.5.1 图表的认识 / 198
  6.5.2 图表的创建 / 200
  6.5.3 图表编辑 / 201
  6.5.4 数据透视表 / 207
  6.5.5 小结练习 / 209

第7章　演示文稿软件 PowerPoint 2016

7.1 演示文稿 PowerPoint 2016 的介绍和使用 / 211
  7.1.1 PowerPoint 2016 的启动和退出 / 211
  7.1.2 编辑制作三张幻灯片 / 217
  7.1.3 保存演示文稿文件 / 221
  7.1.4 小结练习 / 222

7.2 幻灯片的基本操作 / 223
  7.2.1 设置幻灯片标题的格式 / 224
  7.2.2 插入编号和页脚 / 225
  7.2.3 添加项目符号和修改版式 / 226

  7.2.4　插入剪贴画并格式化　/227

  7.2.5　插入艺术字并格式化　/228

  7.2.6　插入表格　/231

  7.2.7　小结练习　/236

7.3　幻灯片主题、动画和切换方式的设置　/236

  7.3.1　移动、复制和粘贴幻灯片　/237

  7.3.2　根据幻灯片版式新建幻灯片　/239

  7.3.3　切换幻灯片的主题和背景样式　/240

  7.3.4　设置幻灯片的切换效果　/242

  7.3.5　设置幻灯片的动画效果　/243

  7.3.6　插入和设置动作按钮　/244

  7.3.7　插入6张新的幻灯片并完成链接操作　/245

  7.3.8　小结练习　/246

7.4　演示文稿的放映和打印输出的设置　/247

  7.4.1　设置幻灯片放映方式　/247

  7.4.2　在放映幻灯片时编辑幻灯片　/248

  7.4.3　打印演示文稿　/250

  7.4.4　打包演示文稿　/251

  7.4.5　使用母版添加学校的Logo　/251

  7.4.6　小结练习　/253

7.5　项目实战——在线图书管理信息系统答辩演示文稿　/253

参考文献　/264

第1章 计算机与信息技术基础

思维导图

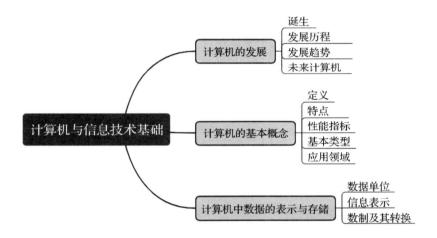

1.1 计算机的发展

学习目标

- 了解计算机的诞生史。
- 了解计算机的发展历程。
- 了解计算机的发展趋势。
- 了解计算机的未来发展。

我们在工作和学习之余利用计算机上网、听音乐;在找工作时利用计算机制作简历;广告公司利用计算机制作精美的图片;等等。那么,计算机是怎么发展起来的呢?未来的计算机又会怎样发展呢?

1.1.1 计算机的诞生

1936年,图灵(图1-1)在其论文《论数字计算在决断难题中的应用》中,提出了著名的"图灵机"设想:把人使用纸笔进行数学运算的过程进行抽象,用一个虚拟机器模拟这个过程。这个自动计算的虚拟机器就是图灵机,这个自动计算模型被公认为是现代计算机的理论模型。

图1-1 图灵

1943年,在美国军方的支持下,由埃克特、莫克利、戈尔斯坦、博克斯组成的研制小组开始研制以电子管为主要元器件的通用电子计算机ENIAC(Electronic Numerical Integrator And Computer,图1-2)。1946年,ENIAC在宾夕法尼亚大学研制成功。ENIAC在不断的维护和更新下,共运行了9年。

ENIAC包含1.88万个电子管、30个操作台,重达30 t,耗电量150 kW·h,占地面积约170 m^2(大约半个篮球场),造价48万美元,每秒能够执行5 000次加法或400次乘法,其计算能力相当于人力的20万倍,比当时最快的计算工具快1 000倍。ENIAC是能够进行逻辑运算的计算工具,这是它同其他计算工具的本质区别,ENIAC的诞生标志着电子计算机时代的到来。

说明:关于ENIAC是否是第一台电子计算机的争论很多,根据资料显示,它的确不是最早研制成功的电子计算机,而是第一台多用途通用计算机。但ENIAC是最具影响力的一台计算机。

图1-2 工作中的ENIAC

1944年,冯·诺依曼加入了另一台计算机——EDVAC(Electronic Discrete Variable Automatic Computer,离散变量自动电子计算机)的研制小组。1945年,冯·诺依曼起草了"关于EDVAC的报告草案",报告广泛而具体地介绍了制造电子计算机和程序设计的新思想。

这份报告是计算机发展史上一个划时代的文献,报告明确了如下核心内容:
① 计算机由五个部分组成:运算器、控制器、存储器、输入设备和输出设备。
② 计算机采用二进制,程序和数据均用二进制表示。
③ 计算机程序的执行过程——顺序执行。

这个设计思想是计算机发展史上的里程碑,是计算机时代的真正开始。根据这个思想制造的计算机被称为冯·诺依曼结构计算机,这个结构一直沿用至今,因此,冯·诺依曼被后人尊称为"计算机之父"。

EDVAC 是世界上第一台冯·诺依曼结构计算机,也是第一台现代意义的通用计算机。冯·诺依曼结构确定了现代计算机的基本结构和原理,以此为基础,计算机进入了飞速发展的阶段。计算机硬件的发展,尤其是主要元器件的发展,使得计算机的计算速度越来越快、体积越来越小、价格越来越低;计算机软件的发展,尤其是多媒体技术和操作系统的发展,使得计算机的应用领域不断扩展,涵盖了越来越多的行业,人们操纵计算机越来越容易。

1.1.2 计算机的发展历程

1. 电子计算机的发展

电子计算机自20世纪40年代诞生以来,在短短的数十年中,计算机技术以惊人的速度发展,没有任何一门技术的性能价格比能在30年内增长6个数量级。按照电子计算机所用的电子元件以及相应的性能来分,可将其发展历程划分为四个阶段:

(1) 第1代:电子管计算机(1946—1957年)

这一代计算机逻辑元件采用的是真空电子管,主存储器采用汞延迟线、阴极射线示波管静电存储器、磁鼓、磁芯,外存储器采用的是磁带。软件方面采用的是机器语言、汇编语言,应用领域以军事和科学计算为主。其特点是体积大、功耗高、可靠性差、速度慢(一般为每秒数千次至数万次运算)、价格昂贵,但为以后的计算机发展奠定了基础。

(2) 第2代:晶体管计算机(1958—1964年)

这一代计算机逻辑元件采用的是晶体管,晶体管计算机比电子管计算机运算速度快,价格便宜,性能稳定。软件方面采用的是操作系统、高级语言及其编译程序。应用领域以科学计算和事务处理为主,并开始进入工业控制领域。其特点是体积缩小、能耗降低、可靠性提高、运算速度提高(一般为每秒数十万次运算),性能比第1代计算机有了很大的提高。

(3) 第3代:集成电路计算机(1965—1971年)

这一代计算机逻辑元件采用的是中、小规模集成电路,主存储器仍采用磁芯。软件方面出现了分时操作系统以及结构化、规模化程序设计方法。其特点是速度更快(一般为每秒数百万次至数千万次运算),而且可靠性有了显著提高,价格进一步下降,产品走向了通用化、系列化和标准化等。应用领域开始进入文字处理和图形图像处理领域。

(4) 第4代:大规模、超大规模集成电路计算机(1972年至今)

这一代计算机逻辑元件采用的是大规模和超大规模集成电路。超大规模集成电路的应用大大减少了计算机中芯片的数量,使计算机具有空前快的运行速度和空前低的价格。

软件方面出现了数据库管理系统、网络管理系统和面向对象的程序设计语言等。

电子计算机发展历程见表1-1。

表1-1 电子计算机发展的四个阶段

代次	起止年份	电子元器件	数据处理方式	运算速度/(次/秒)	应用领域
第1代	1946—1957年	电子管	汇编语言、代码程序	几千~几万	国防及高科技
第2代	1958—1964年	晶体管	高级程序设计语言	几万~几十万	工程设计、数据处理
第3代	1965—1971年	中、小规模集成电路	结构化、模块化程序设计,实时控制	几十万~几百万	工业控制、数据处理
第4代	1972年至今	大规模、超大规模集成电路	分时、实时数据处理,计算机网络	几百万~上亿	工业、生活等各方面

2. 微型计算机的发展

20世纪70年代初,美国Intel等公司采用先进的微电子技术将运算器和控制器集成到一块芯片中,称之为微处理器(MPU)。微型计算机简称"微型机"或"微机",微型计算机是由大规模集成电路组成的、体积较小的电子计算机,它是以微处理器为基础,配以内存储器及输入/输出(I/O)接口电路和相应的辅助电路而构成的。

以Intel公司为代表,先后推出的微处理器有4位的Intel 4004、8位的8008、16位的8086和8088。20世纪80年代,Intel公司推出了16位的80286、32位的80386和80486,1993年Intel公司推出了Pentium(奔腾)系列微处理器,目前的主流微处理器是Intel的Core(酷睿),执行速度达到每秒数十亿、数百亿条指令。

1.1.3 计算机的发展趋势

计算机正朝着智能化、巨型化、微型化、网络化、多媒体化的方向发展。

1. 巨型化

巨型化指计算机具有极高的运算速度、大容量的存储空间、更加强大和完善的功能,主要用于航空航天、军事、气象、人工智能、生物工程等学科领域。

2. 微型化

大规模及超大规模集成电路的发展,可以把计算机的体积进一步缩小,价格进一步降低,便携式电脑、掌上电脑日益成为普遍使用的物品,甚至可以制造出植入人体内的微小计算机。

3. 网络化

计算机网络是计算机技术和通信技术紧密结合的产物。尤其进入20世纪90年代以来,随着Internet的飞速发展,计算机网络已广泛应用于政府、学校、企业、科研、家庭等领域,越来越多的人接触并了解到计算机网络的概念。计算机网络将不同地理位置上具有独立功能的不同计算机通过通信设备和传输介质互连起来,在通信软件的支持下,实现网络中的计算机之间共享资源、交换信息、协同工作。计算机网络的发展水平已成为衡量一个国家现代化程度的重要指标,在社会经济发展中发挥着极其重要的作用。

4. 智能化

智能化是指让计算机能够模拟人类的智力活动,如具有学习、感知、理解、判断、推理等能力,具备理解自然语言、声音、文字和图像的能力,具有说话的能力,使人机能够用自然语言直接对话。它可以利用已有的和不断学习到的知识,进行思维、联想、推理,并得出结论,能解决复杂问题,具有汇集记忆、检索有关知识的能力。

5. 多媒体化

计算机已经不仅能够处理文字、数据,而且具有对声音、图形、图像、动画、视频等多种媒体的处理能力,它在教育、电子娱乐、网上医疗、电子商务、远程会议等方面都得到了广泛的应用。

1.1.4 未来新一代计算机

从目前计算机的研究情况可以看到,未来计算机将有可能在分子计算机、光子计算机、生物计算机等方面的研究领域上取得重大的突破。

1. 分子计算机

分子计算机体积小、耗电少、运算快、存储量大。分子计算机的运行是吸收分子晶体上以电荷形式存在的信息,并以更有效的方式进行组织排列。分子计算机的运算过程就是蛋白质分子与周围物理化学介质的相互作用过程。转换开关为酶,而程序则在酶合成系统本身和蛋白质的结构中极其明显地表示出来。由生物分子组成的计算机具备能在生化环境下,甚至在生物有机体中运行,并能以其他分子形式与外部环境交换。因此,它将在医疗诊治、遗传追踪和仿生工程中发挥无法替代的作用。分子芯片体积大大减小,而效率大大提高,分子计算机完成一项运算,所需的时间仅为 10^{-12} s,比人的思维速度快 100 万倍。分子计算机具有惊人的存储容量,1 m^3 的 DNA 溶液可存储 1 万亿亿的二进制数据。分子计算机消耗的能量非常小,只有电子计算机的十亿分之一。由于分子芯片的原材料是蛋白质分子,所以分子计算机既有自我修复的功能,又可直接与分子活体相连。

2. 光子计算机

1969 年,美国麻省理工学院研究人员开启光子计算机研究。1982 年,英、法、德、意大利、比利时等国 8 所高校启动合作研究,并于 90 年代中期研制出第一台光子计算机。光子计算机为一种依靠光而非靠电进行信息存储、处理、运算、操作的新型的计算机,它以光子代替电子,以光运算代替电运算。光子运动速度比电子快得多,因而光子计算机速度非常快,比现有高速电子计算机快上千倍。

构成光子计算机的光学器件和设备包括激光器、光学反射镜、透镜、滤波器等。光子晶体管、光逻辑元件、光子存储器件、光子探测器件、光空间调制器件等功能元器件通过调整相位、偏振、振幅、强度或波长等参数形成。将多种光电元器件集中在一块芯片上,形成光子集成器件,进行光信号高速传输与处理。

光子计算机包括光模拟信号计算机、全光数字信号计算机、光智能计算机三类。光模拟信号计算机直接利用光学图像的二维性,结构简单,但为并行快速计算,且信息容量大,广泛用于卫星图片处理和模式识别等。全光数字信号计算机采用电子计算机的结构,但用光学逻辑元件(光控制器、光存储器和光运算器等)取代电子逻辑元件,用光子互连代替导线互连。

3. 纳米计算机

纳米计算机是用纳米技术研发的新型高性能计算机。纳米管元件的尺寸在几到几十纳米范围,质地坚固,有着极强的导电性,能代替硅芯片制造计算机。"纳米"(nm)是一个计量单位,1 nm = 10^{-9} m,大约是氢原子直径的 10 倍。纳米技术是从 20 世纪 80 年代初迅速发展起来的新的前沿科研领域,最终目标是人类按照自己的意志直接操纵单个原子,制造出具有特定功能的产品。纳米技术正从微电子机械系统起步,把传感器、电动机和各种处理器都放在一个硅芯片上,从而构成一个系统。应用纳米技术研制的计算机内存芯片,其体积只有数百个原子大小,相当于人的头发丝直径的千分之一。纳米计算机不仅几乎不需要耗费任何能源,而且其性能要比今天的计算机强大许多倍。

4. 生物计算机

20 世纪 80 年代以来,生物工程学家对人脑、神经元和感受器的研究倾注了很大精力,以期研制出可以模拟人脑思维、低耗、高效的生物计算机。用蛋白质制造的计算机芯片,存储量可以达到普通计算机的 10 亿倍。生物计算机元件的密度比大脑神经元的密度高 100 万倍,传递信息的速度也比人脑思维的速度快 100 万倍。其特点是可以实现分布式联想记忆,并能在一定程度上模拟人和动物的学习功能。它是一种有知识、会学习、能推理的计算机,具有能理解自然语言、声音、文字和图像的能力,并且具有说话的能力,使人机能够用自然语言直接对话,它可以利用已有的和不断学习到的知识,进行思维、联想、推理,并得出结论,能解决复杂问题,具有汇集、记忆、检索有关知识的能力。

1.1.5 小结练习

一、选择题

1. 下列计算机中运算速度比微机快,具有很强的图形处理功能和网络通信功能的是( )。

  A. 单片机   B. 笔记本电脑   C. 个人计算机   D. 工作站

2. 计算机硬件由( )、存储器、输入/输出设备、总线等部分组成。

  A. CPU   B. 主机   C. 控制器   D. 显示器

3. 下列关于微处理器的叙述不正确的是( )。

  A. 微处理器通常以单片集成电路制成
  B. 它具有运算和控制功能,但不具备数据存储功能
  C. Intel 公司是国际上研制、生产微处理器最有名的公司之一
  D. Core 是目前 PC 中使用最广泛的一种微处理器

4. 将计算机用于自然语言理解、知识发现,这属于计算机在( )方面的应用。

  A. 数值计算   B. 自动控制   C. 管理和决策   D. 人工智能

5. 世界上公认的第一台电子计算机名为(　　)。
A. ENIAC B. EDVAC C. NAEIC D. INEAC
6. 规定计算机进行基本操作的命令称为(　　)。
A. 程序 B. 指令 C. 软件 D. 指令系统
7. 通常人们说,计算机的发展经历了四代,"代"的划分是根据计算机的(　　)。
A. 功能 B. 应用范围 C. 运算速度 D. 主要元器件
8. CIMS 是计算机应用的一个领域,它是指(　　)。
A. 计算机设计制造系统 B. 计算机辅助设计系统
C. 计算机辅助制造系统 D. 计算机集成制造系统

二、简答题

1. 计算机的发展历程分为哪几个阶段？
2. 计算机的发展趋势都有哪些？
3. 未来新一代计算机会朝哪些方向发展？

1.2 计算机的基本概念

学习目标

- 掌握计算机的定义。
- 了解计算机的特点。
- 掌握计算机的性能指标。
- 了解计算机的基本类型。
- 了解计算机的应用领域。

随着科学技术的发展,计算机已被广泛应用于各个领域,在人们的日常生活和工作中起着重要作用。那么,什么是计算机？计算机又有哪些特点呢？

1.2.1 计算机的定义

计算机(Computer)俗称电脑,是一种用于高速计算的电子计算机器,可以进行数值计算,又可以进行逻辑计算,还具有存储记忆的功能。它是能够按照程序运行,自动、高速处理海量数据的现代化智能电子设备。由硬件系统和软件系统所组成,没有安装任何软件的计算机称为裸机。

计算机可分为超级计算机、工业控制计算机、网络计算机、个人计算机、嵌入式计算机五类,较先进的计算机有生物计算机、光子计算机、量子计算机、神经网络计算机、蛋白质计算机等。

1.2.2 计算机的特点

计算机是高度自动化的信息处理设备。其主要有以下特点：

1. 自动化程度高

计算机把处理信息的过程表示为由许多指令按一定次序组成的程序。计算机具备预先存储程序并提供自动执行，而不需要人工干预的能力，因而自动化程度高。

2. 处理速度快

由于计算机采用高速电子器件，因此它能以极高的速度工作。现在普通的微机每秒可执行数亿条指令，巨型机每秒可达千万亿次。随着科技的发展，此速度仍在提高。

3. 计算精度高

一般的计算工具只能达到几位数字，而计算机对数据处理结果的精确度可达到十几位、几十位有效数字，根据需要甚至可以达到任意精度。由于计算机采用二进制表示数据，因此其精确度主要取决于计算机的字长，字长越长，有效位数越多，精确度也越高。

4. 记忆能力强

计算机的存储器具有存储、记忆大量信息的功能，这使计算机有了"记忆"的能力。目前，计算机的存储量已达兆兆字节乃至更高数量的容量，并仍在提高。

5. 具有逻辑判断能力

计算机不仅具有基本的算术能力，还具有逻辑判断能力，这使计算机能进行诸如资料分类、情报检索等具有逻辑加工性质的工作。具有可靠的逻辑判断能力是计算机的一个重要特点，是计算机能实现信息处理自动化的重要原因。

1.2.3 计算机的性能指标

计算机的技术性能指标主要有主频、字长、内存容量、存取周期、运算速度及其他指标。

1. 主频（时钟频率）

主频是指计算机 CPU 内核工作的时钟频率，它在很大程度上决定了计算机的运行速度，其单位为 MHz 或 GHz。目前有的 CPU 主频可达 4.2 GHz。

2. 字长

字长是指计算机的运算部件能同时处理的二进制数据的位数，字长决定运算精度，其单位为位，如 32 位、64 位。

3. 内存容量

内存容量是指内存储器中能存储的信息总字节数。存储容量的单位用字节 B（Byte）表示，一个字节含 8 位二进制数。位 b（bit）是计算机中的最小单位，字节 B 是计算机中的基本单位，其单位可用 kB、MB 或 GB。目前微机的内存容量已经从最初的 128 MB、245 MB、512 MB，达到了 1 GB、2 GB、4 GB、8 GB、16 GB。

4. 存取周期

存取周期是指存储器连续两次独立地"读"或"写"操作所需的最短时间,单位是纳秒(ns,$1 \text{ ns} = 10^{-9} \text{ s}$)。存储器完成一次"读"或"写"操作所需的时间称为存储器的访问时间(或读写时间)。

5. 运算速度

运算速度是一个综合性的指标,单位为 MIPS(每秒百万条指令)。影响运算速度的因素主要是主频和存取周期,字长和存储容量也有影响。

6. 其他指标

机器的兼容性(包括数据和文件的兼容、程序兼容、系统兼容和设备兼容)、系统的可靠性(平均无故障工作时间 MTBF)、系统的可维护性(平均修复时间 MTTR)、机器允许配置的外部设备的最大数目、计算机系统的汉字处理能力、数据库管理系统及网络功能、性能/价格比等均是综合评价计算机性能的指标。

1.2.4 计算机的类型

计算机可按用途、规模或处理对象等多方面进行划分。

1. 按用途划分

(1) 通用机

通用机适用于解决多种一般问题,该类计算机使用领域广泛、通用性较强,在科学计算、数据处理和过程控制等多种用途中都能适应。

(2) 专用机

专用机用于解决某个特定方面的问题,配有为解决某问题的软件和硬件,如在生产过程自动化控制、工业智能仪表等方面的专门应用。

2. 按规模划分

(1) 巨型机

巨型机也称为超级计算机,在所有计算机类型中价格最贵、功能最强,其浮点运算速度最快,多用于战略武器的设计、空间技术、石油勘探等领域。巨型机的研制水平、生产能力及其应用程度,已成为衡量一个国家经济实力和科技水平的重要标志。

(2) 小巨型机

小巨型机是小型超级计算机或称桌上型超级计算机,功能略低于巨型机,但价格仅为巨型机的十分之一。

(3) 大型主机

大型主机或称大型电脑,特点是大型、通用,具有很强的处理和管理能力,主要用于大银行、大公司、规模较大的高校和科研院所,在计算机向网络迈进的时代,仍有大型主机的生存空间。

(4) 小型机

小型机结构简单,可靠性高,成本较低,对于广大中、小用户,比昂贵的大型主机具有更大的吸引力。

(5) 工作站

工作站是介于 PC 和小型机之间的一种高档机,其运算速度比微机快,且具有较强的联网功能。其主要用于特殊的专业领域,如图像处理、计算机辅助设计等。

(6) 微型机

微型机或称为 PC,以其设计先进、软件丰富、功能齐全、价格便宜等优势而拥有广大的用户。PC 除了台式机外,还有膝上型、笔记本、掌上型、手表型等。

(7) 服务器

服务器(Server)是一种高性能、用于在网络环境下响应服务请求的计算机,在可靠性、可用性、可扩展性、处理能力、稳定性、安全性、可管理性等方面要求较高。服务器需要运行相关的服务软件,其服务的功能由软件提供。服务器也可泛指用于运行"服务程序"的计算机。在网络环境中,根据运行的软件类型,服务器大致可以分为文件服务器、数据库服务器、应用程序服务器、Web 服务器。

(8) 智能手机

智能手机,是指具有独立操作系统、独立存储空间,可由用户安装、运行程序,并可以连接通信网络的手机,可以看作是掌上电脑和手机结合的产物。从 IBM 公司 1993 年推出的第一款触屏智能手机 Simon 开始,智能手机发展速度惊人。

3. 按处理对象划分

(1) 数字计算机

计算机处理时输入和输出的数值都是数字量。

(2) 模拟计算机

处理的数据对象直接为连续的电压、温度、速度等模拟数据。

(3) 数字模拟混合计算机

输入、输出既可是数字,也可是模拟数据。

1.2.5 计算机的应用领域

计算机的应用范围,按其应用特点可分为科学计算、信息处理、过程控制、计算机辅助系统、多媒体技术、计算机通信、人工智能等。

1. 科学计算

科学计算指计算机用于完成科学研究和工程技术中所提出的数学问题(数值计算)。一般要求计算机速度快,精度高,存储容量相对大。科学计算是计算机最早的应用方面。

2. 信息处理

信息处理主要指非数值形式的数据处理,包括对数据资料的收集、存储、加工、分类、排序、检索和发布等一系列工作。信息处理包括办公自动化(OA)、企业管理、情报检索、报刊编排处理等。其特点是要处理的原始数据量大,而算术运算较简单,有大量的逻辑运算与判断,结果要求以表格或文件形式存储、输出。要求计算机的存储容量大,速度则没有要求。信息处理目前应用最广,占所有应用的80%左右。

3. 过程控制

过程控制指计算机用于科学技术、军事领域、工业、农业等各个领域,且计算机控制系统中,需有专门的数字/模拟转换设备和模拟/数字转换设备(称为D/A转换和A/D转换)。由于过程控制一般都是实时控制,有时对计算机速度的要求不高,但要求可靠性高、响应及时。

4. 计算机辅助系统

计算机辅助系统有计算机辅助教学(CAI)、计算机辅助设计(CAD)、计算机辅助制造(CAM)、计算机辅助测试(CAT)、计算机集成制造系统(CIMS)等。

5. 多媒体技术

多媒体技术指把数字、文字、声音、图形、图像和动画等多种媒体有机组合起来,利用计算机、通信和广播电视技术,使它们建立起逻辑联系,并能进行加工处理(包括对这些媒体的录入、压缩和解压缩、存储、显示和传输等)的技术。目前多媒体计算机技术的应用领域正在不断拓宽,除了知识学习、电子图书、商业及家庭应用外,在远程医疗、视频会议中都得到了极大的推广。

6. 计算机通信

计算机通信是计算机技术与通信技术相结合的产物,计算机网络技术的发展将处在不同地域的计算机用通信线路连接起来,配以相应的软件,以达到资源共享的目的。

7. 人工智能

人工智能是研究、开发用于模拟、延伸和扩展人的智能的理论、方法、技术及应用系统的一门新的技术科学。其主要任务是建立智能信息处理理论,进而设计可以展现某些近似于人类智能行为的计算系统。人工智能学科包括:知识工程、机器学习、模式识别、自然语言处理、智能机器人和神经计算等多方面的研究。

1.2.6 小结练习

一、选择题

1. 计算机的功能不断增强,应用不断扩展,计算机系统也变得越来越复杂。完整的计算机系统由( )组成。

    A. 硬件系统和操作系统　　　　　　　　B. 硬件系统和软件系统

    C. 中央处理器和系统软件　　　　　　　D. 主机和外部设备

2. 从逻辑功能上讲,计算机硬件系统中最核心的部件是( )。

A. 内存储器　　　　B. 中央处理器　　　C. 外存储器　　　D. I/O 设备

3. 运算速度达到万亿次/秒以上的计算机通常被称为(　　)计算机。

A. 巨型　　　　　　B. 大型　　　　　　C. 小型　　　　　D. 个人

4. 目前正在使用的安装了高性能 Core 处理器的个人计算机属于(　　)计算机。

A. 第 5 代　　　　　B. 第 4 代　　　　　C. 第 3 代　　　　D. 第 2 代

5. 下列关于个人计算机的叙述错误的是(　　)。

A. 个人计算机中的微处理器就是 CPU

B. 个人计算机的性能在很大程度上取决于 CPU 的性能

C. 一台个人计算机中肯定包含多个微处理器

D. 个人计算机通常不能多人同时使用

6. 计算机的分类方法有多种,按照计算机的性能、用途和价格分,台式机和便携机属于(　　)。

A. 巨型计算机　　　B. 大型计算机　　　C. 小型计算机　　D. 个人计算机

7. 下列选项不属于个人计算机的是(　　)。

A. 台式机　　　　　B. 便携机　　　　　C. 工作站　　　　D. 服务器

8. 目前计算机上的高速缓冲存储器 Cache 是指(　　)。

A. 软盘和主存之间的缓存　　　　　　B. 硬盘和主存之间的缓存

C. CPU 和视频设备之间的缓存　　　　D. CPU 和主存储器之间的缓存

9. 计算机分类方法很多,下面按其内部逻辑结构进行分类的是(　　)。

A. 服务器/工作站　　　　　　　　　B. 16 位/32 位/64 位计算机

C. 小型机/大型机/巨型机　　　　　　D. 客户机/服务器

10. 银行使用计算机实现通存通兑,属于计算机在(　　)方面的应用。

A. 辅助设计　　　　B. 数值计算　　　　C. 数据处理　　　D. 自动控制

二、简答题

1. 计算机主要包括哪些特点?

2. 计算机的性能指标都有哪些?

3. 计算机的应用领域都有哪些?

1.3 计算机中数据的表示与存储

学习目标

- 了解计算机中的数据单位。
- 掌握计算机中信息表示的方法。
- 掌握计算机中常用数制及各进制间的转换方法。

计算机是一种高速自动的信息处理机,要了解计算机如何处理信息,必须先了解信息在计算机中的表示形式。不论计算机处理的信息是纯粹的数字,还是文字、声音、图像等,都必须将这些信息转换为能够被计算机所能识别和接收的数据形式。这种特殊的表示形式就是二进制编码形式,即采用二进制编码来表示数值、文字、图像、声音和视频等。计算机系统中的数据都是以二进制编码形式出现的。

1.3.1 计算机中的数据单位

1. 位(bit)

在二进制系统中,每个 0 和 1 都被称为一个二进制位(Binary bit),简称位(bit)。位是计算机中最小的信息单位。

2. 字节(Byte)

在计算机系统中,8 个二进制位构成一个字节(Byte),简写为 B,即 1 B = 8 b。字节是计算机处理数据的基本单位。一个字节可以表示 $2^8 = 256$ 种状态,它可以存放一个整数(0—255),或一个英文字母的编码,或一个符号。

计算机中常以字节为单位来表示文件或数据的长度及存储容量的大小。存储容量的单位除了字节之外,还有 KB(千字节)、MB(兆字节)、GB(吉字节)、TB(太字节)等。它们之间的换算如下:

1 KB = 1 024 B = 2^{10} B

1 MB = 1 024 KB = 2^{10} KB = 2^{20} B

1 GB = 1 024 MB = 2^{10} MB = 2^{20} KB = 2^{30} B

1 TB = 1 024 GB = 2^{10} GB = 2^{20} MB = 2^{30} KB = 2^{40} B

3. 字与字长

计算机中一次存取、处理和传输的数据称为字(Word),即一组二进制位作为一个整体来参加运算或处理,一个字通常由一个或多个字节构成,用来存放一条指令或一个数据。一个字中所包含的二进制数的位数称为字长。不同计算机的字长是不同的。常用的字长有16位、32位和64位,也就是经常说的16位机、32位机和64位机。字长是衡量计算机性能的一个重要指标。字长越长,一次处理的数据位数就越多,速度也就越快。

1.3.2 计算机中的信息表示

1. 原码、反码、补码

各种数据在计算机中表示的形式称为机器数,其特点是采用二进制数。计算机中表示数值数据时,为了便于运算,带符号数采用原码、反码、补码的编码方式,这种编码方式称为码制。

数可以分为无符号数(不带正负号的数)和有符号数(带正负号的数)。对于无符号数,所有二进制位都用来表示数的大小。有符号数则用最高位来表示数的正负号,即设置一个符号位,该位为0表示正数,为1表示负数,其他位表示数的大小。在计算机中,机器数有三种表示形式:原码、反码与补码。

(1) 原码

对于无符号数,原码是一种用数值本身表示的二进制编码。

对于有符号数,原码是一种用符号和数值表示的二进制编码。有符号数的原码编码规则是:用最高位表示符号,正数用0表示,负数用1表示,其他位表示该数的绝对值。例如,设字长为8位,则十进制整数+1的原码表示为00000001,-1的原码表示为10000001。

(2) 反码

反码使用得较少,它只是补码的一种过渡。

对于无符号数,反码是一种对数值按位取反(对0取反得到1,对1取反得到0)表示的二进制编码。对于有符号数,反码是一种用符号位和对数值按位取反表示的二进制编码。有符号数的反码编码规则是:用最高位表示符号,正数用0表示,负数用1表示,正数的反码是其原码本身,负数的反码的数值部分是原码的数值部分按位取反。例如,设字长为8位,则十进制整数+1的反码表示为00000001,-1的反码表示为11111110。

(3) 补码

补码是计算机中表示和处理有符号数的运算时常用的一种方式。

对于无符号数,补码是一种对数值按位取反并加1表示的二进制编码。对于有符号数,补码是一种用符号和对数值按位取反并加1表示的二进制编码。有符号数的补码编码规则是:用最高位表示符号,正数用0表示,负数用1表示,正数的补码是其原码本身,负数的补码的数值部分是对其原码的数值部分按位取反后加1。例如,设字长为8位,则十进制整数+1的补码表示为00000001,-1的补码表示为11111111。

2. ASCII

ASCII(美国标准信息交换码)已经被国际标准化组织(ISO)采纳,作为国际通用的标准信息交换码。ASCII包含52个大、小写英文字母,0—9共10个数字字符,32个标点符号、运算符号、特殊符号,还有34个不可显示和打印的控制字符编码,一共有128个编码,如表1-2所示。

表 1-2 ASCII 表

ASCII 值	控制字符	ASCII 值	控制字符	ASCII 值	控制字符	ASCII 值	控制字符
0	NUL	32	（space）	64	@	96	`
1	SOH	33	!	65	A	97	a
2	STX	34	"	66	B	98	b
3	ETX	35	#	67	C	99	c
4	EOT	36	$	68	D	100	d
5	ENQ	37	%	69	E	101	e
6	ACK	38	&	70	F	102	f
7	BEL	39	'	71	G	103	g
8	BS	40	(	72	H	104	h
9	HT	41	)	73	I	105	i
10	LF	42	*	74	J	106	j
11	VT	43	+	75	K	107	k
12	FF	44	,	76	L	108	l
13	CR	45	-	77	M	109	m
14	SO	46	.	78	N	110	n
15	SI	47	/	79	O	111	o
16	DLE	48	0	80	P	112	p
17	DC1	49	1	81	Q	113	q
18	DC2	50	2	82	R	114	r
19	DC3	51	3	83	S	115	s
20	DC4	52	4	84	T	116	t
21	NAK	53	5	85	U	117	u
22	SYN	54	6	86	V	118	v
23	ETB	55	7	87	W	119	w
24	CAN	56	8	88	X	120	x
25	EM	57	9	89	Y	121	y
26	SUB	58	:	90	Z	122	z
27	ESC	59	;	91	[	123	{

续表

ASCII 值	控制字符	ASCII 值	控制字符	ASCII 值	控制字符	ASCII 值	控制字符
28	FS	60	<	92	\	124	|
29	GS	61	=	93	]	125	}
30	RS	62	>	94	^	126	~
31	US	63	?	95	_	127	DEL

3. 汉字编码

为满足在计算机中使用汉字的需要,中国国家标准总局于1980年发布了《信息交换用汉字编码字符集(基本集)》,标准号为GB 2312—80,简称国标码。几乎所有的中文系统和国际化的软件都支持GB 2312编码。

GB 2312包含一级汉字3 755个、二级汉字3 008个和全角的非汉字字符682个。编码方式是:首先构造一个94行94列的表格,每一行称为一个"区",每一列称为一个"位";然后将所有字符填写到表格中(所有的字符都可以用区号、位号表示,称为字符的区位码,符号分布见表1-3);最后将区位码转换为国标码。

表1-3　GB 2312 符号分布表

区	类型	区	类型
01 区	中文标点、数学符号以及一些特殊字符	08 区	中文拼音字母表
02 区	各种各样的数学序号	09 区	制表符号
03 区	全角西文字符	10—15 区	无字符
04 区	日文平假名	16—55 区	一级汉字(以拼音字母排序)
05 区	日文片假名	56—87 区	二级汉字(以部首笔画排序)
06 区	希腊字母表	88—94 区	无字符
07 区	俄文字母表		

区位码是一个4位十进制数(前两位为区号,后两位为位号),将区位码的区号和位号换为十六进制后加上20H(或者先加32后转换为十六进制),就获得国标码。例如,汉字"啊"位于第16行第1列,则区位码为1601,区位码转换国标码过程如下:

十六进制处理过程:

区号进制转换:16D = 10H

位号进制转换:01D = 01H

区号处理:10H + 20H = 30H

位号处理:01H + 20H = 21H

国标码:3021H

十进制处理过程:

区号处理:16 + 32 = 48

位号处理:1 + 32 = 33

区号进制转换:48D = 30H

位号进制转换:33D = 21H

国标码:3021H

由于国标码与ASCII有冲突,国标码需要转换为机内码才能进入计算机,转换方式为国标码加8080H。如汉字"啊"在计算机内表示为B0A1H(3021H + 8080H = B0A1H)。

机内码是计算机内部实际存储、处理汉字的编码。汉字信息以机内码方式进入计算机,每个汉字需要两个字节的存储空间,这两个字节的最高位必定是1,而存储ASCII的字节最高位必定是0,从而避免了两者之间的冲突。从汉字区位码转换到机内码,可以在区号和位号十进制下各加160后转换为十六进制,或者在十六进制下加A0H。英文字符若以ASCII编码,只需要一个字节,若以GB 2312编码,则需要两个字节(区位码第3区),前者被称为半角英文符号,后者被称为全角英文符号。除了英文字母外,那些两种编码都支持的标点符号均存在半角、全角的区别。

4. 声音编码

信息本身是模拟信息。模拟声音在时间上是连续的,而以数字表示的声音是一个数据序列,在时间上只能是间断的,因此当把模拟声音变成数字声音时,需要每隔一个时间间隔在模拟声音波形上取一个幅度值,称为采样,该时间间隔称为采样周期(其倒数为采样频率)。由此看出,数字声音是一个数据序列,它是由模拟声音采样、量化和编码后得到的。声音格式有MIDI、WAVE、MOD、MP3等。

5. 图像编码

图形(图像)格式大致可以分为两大类:一类为位图;另一类为描绘类、矢量类或面向对角的图形(图像)。前者以点阵即像素形式描述图形(图像),后者以数学方法描述由几何元素组成的图形(图像)。比较有代表性的图形格式有如下几种:

(1) BMP(Bitmap)格式

BMP(位图格式)是DOS和Windows兼容计算机系统的标准Windows图像格式。BMP格式支持RGB、索引颜色、灰度和位图颜色模式,但不支持ALPHA通道。BMP格式支持1位、4位、24位、32位的RGB位图。

(2) TIFF(Tagged Imaged File Format)格式

TIFF(标记图像文件格式)用于在应用程序之间和计算机平台之间交换文件。TIFF是一种灵活的图像格式,被所有绘画、图像编辑和页面排版应用程序支持。几乎所有的桌面扫描仪都可以生成TIFF图像。而且TIFF格式还可加入作者、版权、备注及自定义信息,存放多幅图像。

(3) GIF(Graphic Interchange Format)格式

GIF(图像交换格式)是一种LZW压缩格式,用来最小化文件大小和电子传递时间。在Word Wide Web和其他网上服务的HTML(超文本标记语言)文档中,GIF文件格式普遍用于现实索引颜色和图像。GIF还支持灰度模式。

(4) JPEG(Joint Photographic Experts Group)格式

JPEG(联合图片专家组)是目前所有格式中压缩率最高的格式。大多数彩色和灰度图像都使用JPEG格式压缩图像,压缩比很大而且支持多种压缩级别的格式,当对图像的精度要求不高而存储空间又有限时,JPEG是一种理想的压缩方式。JPEG支持CMYK、RGB和灰度颜色模式。JPEG格式保留RGB图像中的所有颜色信息,通过选择性地去掉数据来压缩文件。

（5）PDF（Portable Document Format）格式

PDF（可移植文档格式）用于 Adobe Acrobat，Adobe Acrobat 是 Adobe 公司用于 Windows、UNIX 和 DOS 系统的一种电子出版软件，十分流行。与 Postscript 页面一样，PDF 可以包含矢量和位图图形，还可以包含电子文档查找和导航功能。

（6）PNG（Portable Network Graphic Format）格式

PNG 图片以任何颜色深度存储单个光栅图像。PNG 是与平台无关的格式。优点：PNG 支持高级别无损耗压缩，支持 Alpha 通道透明度，支持伽玛校正，支持交错。PNG 受最新的 Web 浏览器支持。缺点：较旧的浏览器和程序可能不支持 PNG 文件。作为 Internet 文件格式，与 JPEG 的有损压缩相比，PNG 提供的压缩量较少。PNG 对大多图像文件或动画文件不提供任何支持。

1.3.3 数制及其转换

1. 数制

数制是进位计数制的简称，在进位计数制中，一个数码在不同的位置上可以代表不同的值。相应计数制的进制数称为基数，每一种计数制都有各自的基数。例如，二进制计数制的基数是 2，八进制计数制的基数是 8，十进制计数制的基数是 10。

计算机中常用的数制有十进制数、二进制数、八进制数和十六进制数。

（1）十进制数

十进制数具有十个不同的数码符号 0、1、2、3、4、5、6、7、8、9，其基数为 10；十进制数的特点是"逢十进一"。例如：

$$5306 = 5 \times 10^3 + 3 \times 10^2 + 0 \times 10^1 + 6 \times 10^0$$

（2）二进制数

二进制数只有"0"和"1"两个数码符号，其基数为 2，二进制数的特点是"逢二进一"。例如，二进制数 101101 可以写成

$$(101101)_2 = 1 \times 2^5 + 0 \times 2^4 + 1 \times 2^3 + 1 \times 2^2 + 0 \times 2^1 + 1 \times 2^0$$

二进制数在进行算术运算时也应注意"逢二进一"，即

$$0+0=0, 1+0=1, 0+1=1, 1+1=10$$

例如：

$$(1011)_2 + (1101)_2 = (11000)_2$$

（3）八进制数

八进制数具有八个不同的数码符号 0、1、2、3、4、5、6、7，其基数为 8；八进制数的特点是"逢八进一"。例如，八进制数 127 可以写成

$$(127)_8 = 1 \times 8^2 + 2 \times 8^1 + 7 \times 8^0$$

（4）十六进制数

十六进制数具有十六个不同的数码符号 0、1、2、3、4、5、6、7、8、9、A、B、C、D、E、F，其基数为 16，其中 A、B、C、D、E、F 分别代表十进制数 10、11、12、13、14、15。十六进制数的特点

是"逢十六进一"。例如,十六进制数 2D3F 可以写成

$$(2D3F)_{16} = 2 \times 16^3 + 13 \times 16^2 + 3 \times 16^1 + 15 \times 16^0$$

2. 各进制数之间的转换

为了区分不同进位计数制的数,通常在一个数的后面添加一个字母表示特定的数制。十进制数后面加字母"D"表示,二进制数后面加字母"B"表示,八进制数后面加字母"O"表示,十六进制数后面加字母"H"表示。

例如,42H、3FFFH 和 $(4010)_{16}$ 分别表示十六进制数 42、3FFF 和 4010;1010B 和 $(1111)_2$ 分别表示二进制数 1010 和 1111;54D 和 $(100)_{10}$ 则分别表示十进制数 54 和 100。

说明:如果一个数后面没有"D""B""O""H"的后缀,也没有括号及基数下标,一律认为其是十进制数。

(1) 十进制数与二进制数之间的转换

① 十进制数转换成二进制数。

十进制数转换为二进制数时,整数和小数分开转换。整数部分的转换方法是:把被转换的十进制整数反复地除以 2,直到商为 0,所得的余数(从末位读起)就是这个数的二进制表示,简单地说,就是"除 2 取余倒记法";小数部分则采取"乘 2 取整顺记法"。

例 1-1 将十进制数 50.375 转换成二进制数。

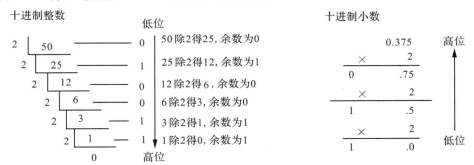

即 110010.011 就是 50.375 的二进制表示,所以 50.375D = 110010.011B。

以此类推,十进制整数转换成八进制整数的方法是"除 8 取余倒记法",十进制小数转换为八进制小数的方法是"乘 8 取整顺记法";十进制整数转换成十六进制整数的方法是"除 16 取余倒记法",十进制小数转换成十六进制小数的方法是"乘 16 取整顺记法"。

② 二进制数转换成十进制数。

把二进制数转换为十进制数的方法是,将二进制数按权展开求和即可。

例 1-2 将 $(10110011)_2$ 转换成十进制数。

$$(10110011.101)_2 = 1 \times 2^7 + 0 \times 2^6 + 1 \times 2^5 + 1 \times 2^4 + 0 \times 2^3 + 0 \times 2^2 + 1 \times 2^1 + 1 \times 2^0$$
$$+ 1 \times 2^{-1} + 0 \times 2^{-2} + 1 \times 2^{-3} = 179.625$$

即 10110011.101B = 179.625D

同理,非十进制数转换成十进制数的方法是,把各个非十进制数按权展开求和即可。如把二进制数(或八进制数或十六进制数)写成 2(或 8 或 16)的各次幂之和的形式,然后再

计算其结果。例如,C3D8H = 50136D。

(2) 二进制数、八进制数、十六进制数之间的转换

① 二进制数与八进制数的互相转换。

二进制数与八进制数的互相转换非常简单,因为二进制与八进制存在特殊关系(2^3 = 8),二进制的3位相当于八进制的1位,类似于将十进制数转换为千进制数。

二进制数转换为八进制数的方法如下:

从小数点开始,向左右将二进制数字每三个一组进行划分,若有不足,则补0,每组二进制数转换为八进制对应数码即可;按原顺序组合八进制数码,小数点保持原位。

八进制数转换为二进制数只需要将八进制数的每位转换为二进制数的3位,按原顺序组合二进制位(去除前后多余的0)即可。

例1-3 将二进制数1010111.01011转换为八进制数。

对二进制数分组补0,只能在小数最低位后或整数最高位前补0,过程如下:

$$
\begin{array}{ccccc}
001 & 010 & 111 & . & 010 & 110 \\
\downarrow & \downarrow & \downarrow & . & \downarrow & \downarrow \\
1 & 2 & 7 & . & 2 & 6
\end{array}
$$

即$(1010111.01011)_2 = (127.26)_8$。

例1-4 将八进制数123.567转换为二进制数。

一个八进制数对应3个二进制数,转换后消去多余的0,过程如下:

$$
\begin{array}{ccccccc}
1 & 2 & 3 & . & 5 & 6 & 7 \\
\downarrow & \downarrow & \downarrow & . & \downarrow & \downarrow & \downarrow \\
001 & 010 & 011 & . & 101 & 110 & 111
\end{array}
$$

即$(123.567)_8 = (1010011.101110111)_2$。

② 二进制数和十六进制数的互相转换。

二进制与十六进制的关系类似于二进制与八进制的关系。二进制的4位等价于十六进制的1位,类似于将十进制数转换为万进制数。

二进制数转换为十六进制数的方法如下:

从小数点开始,向左右将二进制数字每四个一组进行划分,若有不足,则补0,每组二进制数转换为十六进制对应数码即可;按原顺序组合十六进制数码,小数点保持原位。

十六进制数转换为二进制数只需要将十六进制数的每位转换成为二进制数的4位,按原顺序组合二进制位(去除多余的0)即可。

例1-5 将二进制数1011111.01转换为十六进制数。

对二进制数分组补0,过程如下:

$$
\begin{array}{ccc}
0101 & 1111 & . & 0100 \\
\downarrow & \downarrow & . & \downarrow \\
5 & F & . & 4
\end{array}
$$

即$(1011111.01)_2 = (5F.4)_{16} = 5F.4H$。

例1-6 将十六进制数19A.A94转换为二进制数。

1个十六进制数对应4个二进制数,转换后消去多余的0,过程如下:

```
   1      9      A   .   A      9      4
   ↓      ↓      ↓       ↓      ↓      ↓
 0001   1001   1010 . 1010   1001   0100
```

即 19A.A94H =（19A.A94）₁₆ =（110011010.1010100101）₂。

3. 十进制数与二进制数、八进制数、十六进制数对照表

十进制数与二进制数、八进制数、十六进制数对应关系如表 1-4 所示。

表 1-4　0~15 各数的十、二、八、十六进制数对照表

十进制数	二进制数	八进制数	十六进制数	十进制数	二进制数	八进制数	十六进制数
0	0000	0	0	8	1000	10	8
1	0001	1	1	9	1001	11	9
2	0010	2	2	10	1010	12	A
3	0011	3	3	11	1011	13	B
4	0100	4	4	12	1100	14	C
5	0101	5	5	13	1101	15	D
6	0110	6	6	14	1110	16	E
7	0111	7	7	15	1111	17	F

1.3.4　小结练习

一、选择题

1. 十进制数 213.75 转换成十六进制数是（　　）。
　A. 5D.4B　　　　B. 5D.C　　　　C. D5.4B　　　　D. D5.C

2. 二进制加法运算 10101110 + 00100101 的结果是（　　）。
　A. 00100100　　B. 10001011　　C. 10101111　　D. 11010011

3. 若某带符号整数的 8 位二进制补码为 11110001，则该整数对应的十进制数是（　　）。
　A. -113　　　　B. -15　　　　C. 15　　　　D. 241

4. 下列关于原码和补码的叙述正确的是（　　）。
　A. 用原码表示时，数值 0 有一种表示方式
　B. 用补码表示时，数值 0 有两种表示方式
　C. 数值用补码表示后，加法和减法运算可以统一使用加法器完成
　D. 将原码的符号位保持不变，数值位各位取反再末位加 1，就可以将原码转换为补码

5. 数据存储容量 1 TB 等于（　　）。
　A. 1 000 GB　　B. 1 000 MB　　C. 1 024 GB　　D. 1 024 MB

6. 将十进制数 0.71875 转换成十六进制数为（　　）。
　A. 0118C3　　　B. 03C811　　　C. 0.8B　　　　D. 0.B8

7. 下列不属于逻辑运算符的是（　　）。
　A. AND　　　　B. NO　　　　C. NOT　　　　D. OR

8. 采用 n 位二进制补码表示整数时,若最高位为1,其他各位均为0,则该补码表示的十进数是(　　)。

　　A. -2^{n-1}　　　　B. -2^n　　　　C. 2^{n-1}　　　　D. 2^n

9. 二进制数进行"与"(^)运算,11010110^10110111 的结果是(　　)。

　　A. 00111111　　　B. 10001101　　C. 10010110　　　D. 11110111

10. 下列不同进制的四个数中数值最小的是(　　)。

　　A. (01100010)$_2$　　B. 1540　　　C. 107D　　　D. 6AH

二、简答题

1. 计算机中的数据单位都有哪些,它们是如何换算的?

2. 在计算机中,机器数分别有哪几种形式,分别代表什么?

3. 什么是数制?

第 2 章　计算机系统构成

一个完整的计算机系统(Computer System)由硬件系统(Hardware System)和软件系统(Software System)两大部分组成。

计算机硬件系统是组成计算机的各种物理设备的总称,是计算机赖以工作的实体,它们由各种物理器件和电子线路组成。计算机软件是计算机程序、要处理的数据及相关文档的总称。

硬件系统是软件系统的物质基础,软件系统是硬件系统的"灵魂",没有软件系统的计算机称为"裸机"。硬件系统和软件系统相互依存,才能构成一个可用的计算机系统。

思维导图

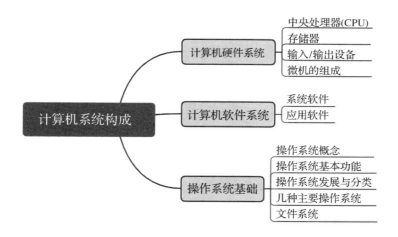

2.1 计算机硬件系统

学习目标

- 掌握计算机硬件系统的组成。
- 了解计算机硬件系统的主要技术指标。

用户在选购计算机的时候,经常会碰到这种情况:市场中包含了各种类型和品牌的计算机,而且同一种配置的计算机价格也可能不一样,不知该如何选择。那么,如何选择性价比高的计算机呢?怎样选择适合自己的计算机呢?只要了解了计算机系统的组成,就能解决这些问题。

从 ENIAC 到当前最先进的计算机都是基于冯·诺依曼思想而设计的,冯·诺依曼(图 2-1)是当之无愧的计算机之父。

冯·诺依曼结构计算机由控制器、运算器、存储器、输入设备和输出设备五部分组成,控制器和运算器合称为中央处理器 CPU(Central Processing Unit)。硬件系统结构如图 2-2 所示。

图 2-1 冯·诺依曼

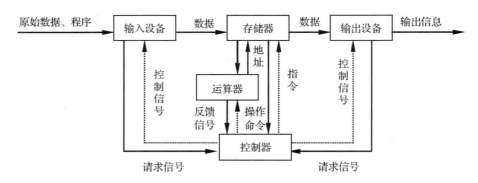

(注:实线为数据线,虚线为控制线)

图 2-2 硬件系统结构

2.1.1 中央处理器(CPU)

每台计算机至少有一个中央处理器(CPU),又称微处理器(Microprocessor),它是一块超大规模集成电路,是计算机的核心部件,是计算机的"大脑",其主要功能是控制计算机的操作和处理数据,如图 2-3 所示。CPU 主要由控制器、运算器、寄存器组和高速缓冲存储器等构成。

图 2-3 CPU

目前,市场上销售的CPU产品主要有Intel和AMD两大类。奔腾双核、赛扬双核和闪龙系列(单核、双核)属于比较低端的处理器,仅能满足上网、办公、看电影等需求。酷睿(Core)i3、i5和速龙(Athlon)系列(双核、四核)属于中端的处理器,不仅能上网、办公、看电影等,还能承载大型网络游戏的运行,酷睿i7和弈龙(phenom)系列(四核、六核)属于高端处理器,常用的网络应用都能实现,还能以最高效果运行大型游戏。

1. 控制器

控制器(Control Unit,CU)主要用于控制计算机的操作,根据事先给定的命令发出控制信息,使整个计算机指令执行过程一步一步地进行,协调I/O操作和内存访问等,是计算机的指挥中心。

(1) 机器指令

计算机的指令有微指令、机器指令和宏指令之分。微指令是微程序级的命令,它属于硬件;宏指令是由若干条机器指令组成的软件指令,它属于软件;而机器指令则介于微指令与宏指令之间,通常简称为指令,每一条指令可完成一个独立的算术运算或逻辑运算操作,一台计算机支持(或称使用)的全部指令构成该机的指令系统,指令系统直接与计算机系统的性能和硬件结构的复杂程度等密切相关,它是设计一台计算机的起始点和基本依据。

指令就是用二进制代码表示的一条指令的结构形式,通常由操作码和操作数地址码两种字段组成。

操作码用来指明该指令所要完成的操作,如加法、减法、传送、移位、转移等。通常其位数反映了机器的操作种类,即机器允许的指令条数,如操作码占7位,则该机器最多包含$2^7=128$条指令。操作码的长度可以是固定的,也可以是变化的。操作码长度不固定,会增加指令译码和分析的难度,使控制器的设计变复杂。通常采用扩展操作码技术,使操作码的长度随地址数的减少而增加,不同地址数的指令可以具有不同长度的操作码,从而在满足需要的前提下,有效地缩短指令字长。

操作数地址码用来指明参与操作的操作数。操作数的形式可以是数据本身,也可以是存放数据的内存地址或寄存器的名称。指令中可以没有操作数地址码,只有操作码,这样的指令称为零地址指令。

(2) 指令周期

计算机工作的过程就是CPU执行指令的过程。程序是由指令序列组成的,计算机的工作过程就是自动执行指令的过程。计算机每执行一条指令都可分为4个阶段进行,即取指令、分析指令、生成控制信号、执行指令。计算机执行一条指令所用的时间称作指令周期。

(3) 指令系统

指令系统有两个不同的发展方向:复杂指令系统(Complex Instruction Set Computer,CISC)和精简指令系统(Reduced Instruction Set Computer,RISC)。

复杂指令系统提供尽量多的指令以简化软件开发,指令结构复杂、CPU硬件结构复杂、功能强、功耗大。精简指令系统使用只包含常用指令的简化指令系统,指令结构简单,同时,CPU硬件结构简单、功耗低,但软件开发时间较长,程序源代码也较长。

精简指令系统 CPU 的代表作是 ARM 系列处理器,广泛用于智能手机等移动数码设备领域。复杂指令系统性能较强,适用于需求复杂的通用计算机。

2. 运算器

运算器(Arithmetic and Logic Unit,ALU)是计算机中执行各种算术和逻辑运算操作的部件。运算器的基本操作包括加、减、乘、除四则运算,与、或、非、异或等逻辑操作,以及移位、比较和传送等操作,亦称为算术逻辑部件。计算机运行时,运算器的操作和操作种类由控制器决定。运算器处理的数据来自存储器;处理后的结果数据通常被送回存储器,或暂时寄存在运算器中。

运算器包括寄存器、执行部件和控制电路三个部分。在典型的运算器中有三个寄存器:接收并保存一个操作数的接收寄存器;保存另一个操作数和运算结果的累加寄存器;在进行乘、除运算时保存乘数或商数的乘商寄存器。执行部件包括一个加法器和各种类型的输入/输出门电路。控制电路按照一定的时间顺序发出不同的控制信号,使数据经过相应的门电路进入寄存器或加法器,完成规定的操作。

3. 寄存器组

寄存器组由十几个甚至几十个寄存器组成,用于临时存储指令、地址、数据和计算结果,提供数据的内部存储。

4. 高速缓冲存储器(Cache)

缓存是一种存取速度基本与 CPU 匹配的存储设备,用于缓解 CPU 与内存的工作频率不匹配的问题。其原理是:CPU 往往需要重复读取同样的数据块,将这个数据块存储在缓存中能极大地提升系统性能。缓存分为一级缓存、二级缓存和三级缓存。

5. 中央处理器(CPU)技术指标

计算机的性能很大程度上取决于 CPU 的性能,CPU 的性能参数很多,主要包括:

(1) CPU 外频

CPU 外频主板为 CPU 提供的基准时钟频率,单位是 MHz。一般要求外频、总线、内存的频率相同,使系统处于稳定的状态中。外频越高,则系统整体的吞吐量就越大。

(2) CPU 倍频

CPU 倍频是主频与外频的倍数。

(3) CPU 主频

主频也叫时钟频率,是 CPU 内核(整数和浮点运算器)电路的实际运行频率,单位是兆赫(MHz)或吉赫(GHz),即 1 s 内进行运算的次数。其计算公式为:主频 = 外频 × 倍频。主频越高,执行一条指令需要的时间就越少,CPU 的处理速度就越快。目前 CPU 的主频已达到 1~3 GHz。

(4) 字长

字长是 CPU 在单位时间内能一次处理的二进制数的位数。字长总是 8 的整数倍,如 16 位、32 位、64 位。能处理字长为 64 位数据的 CPU 通常就叫作 64 位 CPU。字长越长,计算机运算精度越高,处理能力越强。

(5) 内核数量

内核数量是 CPU 指标之一。所谓内核,可以看作一个单独的 CPU,多内核是指在一个 CPU 中封装两个或两个以上的内核,通常内核越多,CPU 性能越强。

(6) 高速缓冲存储器(Cache)容量

由于高速缓存的成本太高,CPU 中通常都不会集成太多的 Cache。CPU 中采用逐级加速的方法来提高 CPU 的性能,Cache 容量越大、级数越多,其效果就越显著。

(7) 运算速度

运算速度是指计算机每秒所能执行加法指令的数目,其单位是百万次/秒(MIPS)。例如,10 MIPS 即表示每秒可执行 1 千万条指令。

2.1.2 存储器

存储器是用来存放程序、数据与结果的部件,具有存数和取数的功能,分为内存储器(简称内存或主存)和外存储器(简称外存或辅存)。内存储器的存取速度快而容量相对较小,外存储器的存取速度慢而容量相对较大。

衡量存储器的性能指标有存储容量、存储速度和价格。存储容量包括内存容量和外存容量,这里主要是指内存储器所能存储信息的字节数。内存容量越大,计算机所能运行的程序就越大,处理能力就越强。

存取周期是指 CPU 从内存中存取数据所需的时间。一般内存的存取周期为 7~70 ns。

1. 内存

内存通过系统总线与中央处理器(CPU)连接,是计算机用来临时存放数据的地方,存放正在运行的程序和需要立即处理的数据,是 CPU 处理数据的中转站,CPU 工作时,它所执行的指令及处理的数据都是从内存中取出的,产生的结果也存放在内存中。内存的容量和存取速度直接影响 CPU 处理数据的速度,如图 2-4 所示为内存条。内存主要由内存芯片、印制电路板等部分组成。

从工作原理上说,内存一般采用半导体存储单元,包括随机存储器(Random Access Memory,RAM)、只读存储器(Read Only Memory,ROM)和高速缓冲存储器

图 2-4 内存条

(Cache)。平常所说的内存通常是指随机存储器,既可以从中读取数据,也可以写入数据。当计算机电源关闭时,存于内存的数据会丢失,RAM 适用于临时存储数据。只读存储器的信息只能读出,一般不能写入,即使停电,这些数据也不会丢失,如 BIOS ROM。高速缓冲存储器在计算机中通常指 CPU 的缓存。表 2-1 列出了随机存储器和只读存储器特点的比较。

表 2-1　内存分类及对比

内存类型	静态 RAM 和动态 RAM 之间的区别			RAM 和 ROM 的区别
	区别点	静态 RAM	动态 RAM	
随机存储器	1	集成度低	集成度高	信息可以随时写入/写出。写入时原始数据被冲掉。加电时信息保存完好,一旦断电,信息会消失,无法恢复
	2	价格高	价格低	
	3	存取速度快	存取速度慢	
	4	不需要刷新	需要刷新	
只读存储器	分类	可编程只读存储器、可擦除的可编程只读存储器、掩膜型只读存储器		信息是永久性的,即使关机也不会消失

内存按工作性能分类,主要有 DDR SDRAM、DDR2、DDR3、DDR4 等几种,目前市场上的主流内存为 DDR4,其数据传输能力要比 DDR3 强大,其内存容量一般为 8~32 GB。不同类型的内存条接口规范不同,无法混用。笔记本电脑与台式机使用不同规格的内存条,也无法混用。一般而言,内存容量越大越有利于系统的运行。

2. 外存

外存储器能长期存放计算机系统中几乎所有的信息。外存储器不与 CPU 直接相连,计算机执行程序时,外存中的数据必须先传送到内存,然后才能被 CPU 使用。

（1）硬盘

硬盘是最常用的外存储器,通常用于存放永久性的数据和程序,主要有三种类型:机械硬盘、固态硬盘和混合硬盘。

传统的机械硬盘如图 2-5 所示,它的内部结构比较复杂,主要有主轴电机、盘片,磁性物质附着在盘片上,并将盘片安装在主轴电机上,当硬盘开始工作时,主轴电机将带动盘片一起转动,在盘片表面的磁头将在电路和传动臂的控制下进行移动,并将指定位置的数据读取出来,或将数据存储到指定的位置。硬盘容量是选购硬盘的主要性能指标之一,包括总容量、单碟容量和盘片数三个参数。其中,总容量是表示硬盘能够存储多少数据的一项重要指标,通常以 GB 为单位。目前主流的硬盘容量从 500 GB 到 4 TB 不等。

图 2-5　硬盘及内部结构

固态硬盘是用电子芯片制成的硬盘,一般使用 Flash 芯片或 DRAM 芯片作为存储材料。固态硬盘的接口、功能、外形、尺寸和使用方法与机械硬盘相同,但其单位容量造价较机械硬盘昂贵得多。固态硬盘读写速度快、防震抗摔、噪声低,但若硬件损坏,数据较难恢复,且读写次数有限,寿命相对较短。固态硬盘适合便携设备,如笔记本电脑、掌上电脑。

混合硬盘是把机械硬盘和固态硬盘集成到一起的一种硬盘,其中固态硬盘容量很小,一般为 32 GB 或 64 GB,在休眠系统恢复时,能比较明显地提高系统的响应速度,其他时间则影响不大。

此外,通常对硬盘的分类是按照其接口的类型进行分类的,主要有 ATA(Advanced Technology Attachment)和 SATA(Serial Advanced Technology Attachment)两种。

(2) 光盘

光盘是利用激光进行读、写的外存储器,具有价格低、容量大、易保存等优点。根据光盘结构,分为 CD、DVD、BD 等类型。读写光盘需要使用相应类型的光盘驱动器,光盘驱动器接口与硬盘相同,支持读写 80 mm 和 120 mm 规格的光盘。

光盘也可分为不可擦写光盘(只读光盘,如 CD-ROM、DVD-ROM)、一次性写入光盘 CD-R 和可擦写光盘(如 CD-RW、DVD-RAM 等)。目前 CD 光盘的容量是 700 MB,DVD 光盘容量约 4.7 GB。

(3) U 盘

U 盘全称 USB 闪存盘(USB Flash Disk),是一种使用 USB(Universal Serial Bus,通用串行总线)接口的微型高容量移动存储产品。U 盘具有小巧便携、容量大、价格低、可靠性高的优点。但 U 盘的读写次数有限制,正常状况下可以读写十万次左右,且到了寿命后期写入会变慢。U 盘基础性发明专利属于中国朗科公司,该专利填补了中国计算机存储领域 20 年来发明专利的空白,是我国计算机发展中极具代表意义的发明。

USB 是一个外部总线标准,用于规范计算机与外部设备的连接和通信,支持设备的即插即用和热插拔功能。USB 有多个版本标准,支持不同的传输速度:USB 1.1 为 12 Mb/s、USB 2.0 为 480 Mb/s、USB 3.0 为 5.0 Gb/s。

2.1.3 输入/输出(I/O)设备

1. 输入设备

输入设备(Input Devices)用于向计算机输入命令、程序、数据、文本、图形、图像、音频和视频等信息,其主要作用是把人们可读的信息转换为计算机能识别的二进制代码输入计算机。常用的输入设备有键盘、鼠标、扫描仪、话筒等。

(1) 键盘

键盘是常用的必不可少的输入设备,由一组开关矩阵组成,是用户和计算机进行交流的工具,可以向计算机输入字符、命令、数据和程序。键盘与主机的接口有多种形式,一般采用的是 PS/2 接口或 USB 接口。无线键盘采用的是无线接口,它与主机之间没有直接的物理连线,而是通过红外线或无线电波将输入信号传送给主机上安装的专用接收器。不同生产厂商所生产出的键盘型号各不相同,目前常用的键盘有 107 个键位,如图 2-6 所示。

图 2-6 键盘

图 2-7 鼠标

（2）鼠标

鼠标因其外形与老鼠类似,所以被称为"鼠标",如图2-7所示。根据鼠标按键来分,可以将鼠标分为3键鼠标和2键鼠标;根据鼠标的工作原理,又可将其分为机械鼠标和光电鼠标。另外,根据传输类别还可分为无线鼠标和有线鼠标。鼠标器与主机的接口主要有两种:PS/2接口和USB接口。无线鼠标也已开始推广使用,有些产品作用距离可达10 m左右。

（3）其他输入设备

除了鼠标、键盘外,常见的输入设备还包括图像扫描仪、条形码阅读器、光学字符阅读器、触摸屏、数字麦克风、数字摄像头、扫描仪、手写板等。

- 图形扫描仪:捕获图像并将之转换成计算机可以显示、编辑、存储和输出的数字信号的数字化输入设备。
- 条形码阅读器:一种能够识别条形码的扫描装置,用于读取条形码所包含的信息的一种设备,广泛应用于商品流通、图书管理、邮政管理、银行系统等许多领域。
- 光学字符阅读器:英文简称OCR,是一种快速字符阅读装置。
- 触摸屏:由安装在显示器屏幕前面的检测部件和触摸屏控制器组成。当手指或其他物体触摸安装在显示器前面的触摸屏时,所触摸的位置由触摸屏控制器检测,并通过接口送到主机。
- 数字麦克风:将声音信号转换为数字信号的设备。
- 数字摄像头:将图像视频信号转换为数字信号的设备。
- 扫描仪:用光电技术,以扫描方式将图形或图像信息转换为数字信号的设备。主要应用在办公领域,常见的有三种类型:滚筒式、平面式和笔式(又称扫描笔或微型扫描仪)。
- 手写板:用于将手写的文字、符号、图形等输入计算机,具有一定的光标定位能力,可看作是鼠标、键盘的综合体。

2. 输出设备

输出设备(Output Devices)是人与计算机交互的一种部件,用于数据的输出。它把各种计算结果数据或信息以数字、字符、图像、声音等形式表现出来。常用的输出设备有显示器、打印机、绘图仪、音箱、耳机等。

（1）显示器和显卡

显示器是计算机的主要输出设备,其作用是将显卡输出的信号(模拟信号或数字信号)以肉眼可见的形式表现出来。

① 显示器的分类。

目前主要有两种显示器,一种是液晶显示器(LCD显示器),另一种是使用阴极射线管的显示器(CRT显示器),如图2-8所示。LCD显示器是现在市场上的主流显示器,具有无辐射危害、屏幕不会闪烁、工作电压低、功耗小、重量轻和体积小等优点,但LCD显示器的画面颜色逼真度不及CRT显示器。显示器的尺寸包括17英寸(约43.18 cm)、19英寸(约48.26 cm)、20英寸(约50.8 cm)、22英寸(约55.88 cm)、24英寸(约60.96 cm)和26英寸

（约 66.04 cm）等类型。

(a) CRT　　　(b) LCD

图 2-8　显示器

② 显示器的主要性能指标。

• 像素（Pixel）：像素是用来计算数码影像的一种单位，如同摄影的相片一样，数码影像也具有连续性的浓淡阶调，若把影像放大数倍，会发现这些连续色调其实由许多色彩相近的小方点所组成，这些小方点就是构成影像的最小单位"像素"。

• 点距（Picth）：屏幕上两个像素之间的距离叫作点距，它直接影响显示效果。像素越小，在同一个字符面积下，像素数就越多，则显示的字符就越清晰。点距越小，分辨率越高，显示器的清晰度就越高。

• 分辨率：分辨率是显示器主要性能参数，指显示器在水平和垂直方式上所能显示的最多的点数。一般用"水平显示的像素个数×垂直显示的像素个数"来表示，如 800×600、1 024×768 等。分辨率受到显像管尺寸、点距、带宽等因素的影响。

• 显存：显存的作用与系统内存类似，显存越大，可以存储的图像数据就越多，支持的分辨率与色彩数也就越高。以下是计算显存容量与分辨率关系的公式：

$$所需显存 = 图像分辨率 \times 色彩精度 \div 8$$

③ 显示卡。

显示器是人机交互的重要界面，显示卡则是 CPU 与显示器之间的接口电路。显示卡又称显示适配器或图形加速卡，简称显卡，如图 2-9 所示，其功能主要是将计算机中的数字信号转换成显示器能够识别的信号（模拟信号或数字信号），再将显示的数据进行处理和输出，可分担 CPU 的图形处理工作。对于进行专业图形设计的计算机而言，显卡十分重要。显示器与显卡之间的常用接口如图 2-10 所示。

图 2-9　显卡

• VGA：全称为 Video Graphics Adapter，一种模拟信号接口，是目前最通用的接口，多数显卡、显示器均支持该接口。

• DVI：全称为 Digital Visual Interface，是一种数字信号接口。分为两种：DVI-D 口，只能接收数字信号，不兼容模拟信号；DVI-I 接口，可同时兼容模拟和数字信号。

• HDMI：全称为 High Definition Multimedia Interface，是一种数字信号接口，不仅能传输图像信号，还能传输音频信号，主要用在中高端显示器上。

- DP：全称为 Display Port，是一种数字信号接口，其功能与 HDMI 接口类似，同样可以传输视频和音频信号，但传输速度更快，适用于大分辨率显示设备和高保真音响，如家庭影院等，目前一般用在高端显示器和高清电视上。

VGA接口　　DVI-D接口　　DVI-I接口　　HDMI接口　　DP接口

图2-10　显示器与显卡之间的常用接口

（2）打印机

打印机也是一种常见的输出设备，主要功能是对文字和图像进行打印输出。常见的打印机有四种：点阵式打印机、喷墨式打印机、激光打印机和三维立体打印机。衡量打印机好坏的指标有三项：打印分辨率、打印速度和噪声。

点阵式打印机是在脉冲电流信号的控制下，打印针打击的点形成字符或汉字的点阵。这类打印机的优点是耗材（色带和打印纸）便宜，缺点是打印速度慢、噪声大、打印质量差。主要用于票据、蜡纸等打印场合，在银行、超市等比较常见。

喷墨打印机属于非击打式打印机。喷墨打印机的优点是设备价格低廉、打印质量高于点阵式打印机，还能进行彩色打印、无噪声，缺点是打印速度慢、耗材（主要是墨盒）贵，目前主要用于家庭及办公场合。

激光打印机属于非击打式打印机，常用于打印正式的公文及图表。激光打印机的优点是无噪声、打印速度快、打印质量好，缺点是设备价格高、耗材（硒鼓）贵，其打印成本是以上三种打印机中最贵的。

三维立体打印机是近些年开发出来的打印机，把液态粉末状金属、塑料等可黏合材料通过喷射或挤出方式进行黏结，层层堆积叠加后形成三维实体，如图2-11所示。

图2-11　三维立体打印机

（3）其他输出设备

计算机使用的其他输出设备有绘图仪、声音输出设备（音箱或耳机）、视频投影仪等。绘图仪有平板绘图仪和滚动绘图仪两种，通常采用"增量法"在 x 和 y 方向上产生位移来绘制图形。视频投影仪是微型机输出视频的重要设备。目前有CRT投影仪和使用LCD投影仪技术的液晶板投影仪。液晶板投影仪具有体积小、重量轻、价格低且色彩丰富的特点。

2.1.4 微机的组成

1. 主板

主板（Main Board）也称为"Mother Board（母板）"或"System Board（系统板）"，被安装在机箱内，是计算机最基本也是最重要的部件之一，是由印刷电路板、CPU 插座、芯片组、存储器插槽、显卡插槽、BIOS（Basic input/Output System，简称 BIOS）、CMOS 存储器、各种扩展插槽、各种连接插座、各种开关及跳线和各种外部接口组成的，并通过其中的线路统一协调所有部件的工作，如图 2-12 所示。

图 2-12　主板

主板上主要的芯片包括 BIOS 芯片和南北桥芯片。其中 BIOS 芯片是一块矩形的存储器，里面存有与该主板搭配的基本输入/输出系统程序，能够让主板识别各种硬件，还可以设置引导系统的设备和调整 CPU 外频等；南北桥芯片通常由南桥芯片和北桥芯片组成，北桥芯片主要负责处理 CPU、内存和显卡三者间的数据交流，南桥芯片则负责硬盘等存储设备和 PCI 总线之间的数据流通。

2. 总线与接口

（1）总线

总线（BUS）是用于在 CPU、内存、外存和各种输入/输出设备之间传输信息并协调它们工作的公共通道。用于连接 CPU 和内存的总线称为 CPU 总线（或前端总线），把连接内存和 I/O 设备（包括外存）的总线称为 I/O 总线。

按总线传送的信息分类，总线包括地址总线、数据总线和控制总线。地址总线用来传送访问主存和 I/O 设备的地址，对于存储器来说是单向的，只能接收源部件发来的地址信息。数据总线是双向总线，用来在存储器、运算器、控制器和 I/O 设备之间传送数据信号，可以读出主存单元中的数据，也可以把数据写入主存单元中，可以从设备中输入数据，也可以向设备输出数据。控制总线用来传送主机发出的控制命令或设备的工作状态及应答信号。

总线的特点是简单清晰、易于扩展。常见的总线标准有 ISA 总线、PCI 总线、AGP 总线、EISA 总线等。

（2）I/O 接口

通常计算机内部数据的传输由总线来完成。而计算机外部设备种类繁多，工作原理也不相同，工作速度、数据格式与主机有很大区别，外设一般不能与主机直接相连，而是通过端口来提供输入/输出设备的连接，端口又称为接口。计算机上常见的接口有 PS/2 接口、串行接口、并行接口、USB 接口、显示器接口、网络接口、SCSI 接口、IEEE 1394 接口等。常见主机背面的接口如图 2-13 所示。

图 2-13　主机背面接口

2.1.5　小结练习

1. 计算机的硬件系统主要包括运算器、控制器、存储器、输出设备和（　　）。

　　A．键盘　　　　　　B．鼠标　　　　　　C．输入设备　　　　D．显示器

2. 下列叙述错误的是（　　）。

　　A．内存储器一般由 ROM、RAM 和高速缓存（Cache）组成

　　B．RAM 中存储的数据一旦断电就全部丢失

　　C．CPU 可以直接存取硬盘中的数据

　　D．存储在 ROM 中的数据断电后也不会丢失

3. 能直接与 CPU 交换信息的存储器是（　　）。

　　A．硬盘存储器　　　　　　　　　　　　B．光盘驱动器

　　C．内存储器　　　　　　　　　　　　　D．软盘存储器

4. 下列设备组中全部属于外部设备的一组是（　　）。

A. 打印机、移动硬盘、鼠标　　　　　B. CPU、键盘、显示器
C. SRAM 内存条、光盘驱动器、扫描仪　　D. U 盘、内存储器、硬盘

5. 32 位微机中的 32 位指的是(　　)。

A. 微机型号　　　B. 内存容量　　　C. 存储单位　　　D. 机器字长

6. 移动硬盘或 U 盘连接计算机所使用的接口通常是(　　)。

A. RS-232C 接口　B. 并行接口　　　C. USB　　　　　D. UBS

7. 在计算机中,每个存储单元都有一个连续的编号,此编号称为(　　)。

A. 地址　　　　　B. 位置号　　　　C. 门牌号　　　　D. 房号

8. 运算器的完整功能是进行(　　)。

A. 逻辑运算　　　　　　　　　　　　B. 算术运算和逻辑运算
C. 算术运算　　　　　　　　　　　　D. 逻辑运算和微积分运算

9. 在计算机指令中,规定其所执行操作功能的部分称为(　　)。

A. 地址码　　　　B. 源操作数　　　C. 操作数　　　　D. 操作码

10. 计算机的系统总线是计算机各部件间传递信息的公共通道,它分为(　　)。

A. 数据总线和控制总线　　　　　　　B. 地址总线和数据总线
C. 数据总线、控制总线和地址总线　　D. 地址总线和控制总线

2.2　计算机软件系统

学习目标

- 掌握计算机软件系统的分类。
- 了解计算机软件系统的功能。

计算机软件(Computer Software)是相对于硬件而言的,它包括计算机运行所需的各种程序、数据及其有关技术文档资料。一个性能优良的计算机硬件系统能否发挥其应有的功能,很大程度上取决于所配置的软件是否完善和丰富。软件不仅提高了机器的效率、扩展了硬件功能,而且也方便用户使用。

软件内容丰富、种类繁多,通常根据软件用途的不同,将其分为系统软件和应用软件两类。

2.2.1　系统软件

系统软件是指管理、控制和维护计算机系统资源的程序集合。这些资源包括硬件资源与软件资源。例如,对 CPU、内存、打印机的分配与管理,对磁盘的维护与管理,对系统程序

文件与应用程序文件的组织和管理,等等。

常见的系统软件有操作系统、数据库管理系统、语言处理系统、服务性程序等。一些系统软件程序在计算机出厂时直接写入 ROM 芯片,如系统引导程序、基本输入输出系统(BIOS)、诊断程序等;有些系统软件直接安装在计算机的硬盘中,如操作系统;还有一些则保存在活动介质上供用户购买,如语言处理系统。

1. 操作系统(OS)

操作系统(Operating System,OS)是直接运行在裸机上的最基本的系统软件,是系统软件的重要组成和核心部分,是管理计算机软件和硬件资源、调度用户作业程序和处理各种中断,保证计算机各个部分协调、有效工作的软件,任何其他软件必须在操作系统的支持下才能运行。目前常用的操作系统有 Windows、UNIX、OS/2 等。

2. 数据库管理系统(DBMS)

数据库管理系统(Data Base Management System,DBMS)就是对数据库完成建立、存储、筛选、排序、检索、复制、输出等一系列管理,并提供数据独立、完整、安全保障的计算机软件。例如,用于微型计算机的小型数据库管理软件有 FoxPro、Visual FoxPro、Access 等,大型数据库管理软件有 Oracle、Sybase、DB2、Informix 等。

3. 语言处理系统

目前,计算机程序是用接近生活语言的计算机高级语言编写的,高级语言程序必须经过编译或解释将程序翻译成由 0 和 1 组成的机器语言后,才能被计算机识别和运行。因此,计算机必须配置该种语言的翻译程序,如 FORTRAN、COBOL、PASCAL、C、BASIC、LISP 等。

计算机语言通常分为机器语言、汇编语言和高级语言三类。

(1)机器语言

在计算机中,指挥计算机完成某个操作的命令称为指令。所有指令的集合称为指令系统。直接用二进制代码表示指令系统的语言称为机器语言。用机器语言编写程序是一件十分烦琐和困难的工作,绝大多数程序员是不使用机器语言编写程序的,只有计算机生产厂家的专业人员在编写一些极少数与硬件密切相关的底层程序时会用到机器语言。由于不同型号的计算机其机器语言是不相同的,所以机器语言程序是不可移植的。机器语言具有效率高、执行速度快的特点。

(2)汇编语言

为了克服机器语言难读、难编、难记和易出错的缺点,人们就用与代码指令实际含义相近的英文缩写词、字母和数字等符号来取代指令代码,于是就产生了汇编语言。汇编语言也称符号语言,是一种用助记符表示但仍然面向机器的计算机语言。

汇编语言比用机器语言的二进制代码编程要方便些,这在一定程度上简化了编程过程。汇编语言可用符号代替机器指令代码,助记符与指令代码一一对应,基本保留了机器语言的灵活性。使用汇编语言能面向机器并较好地发挥机器的特性,可得到质量较高的程序。

但是，计算机只能直接识别和执行二进制代码程序，无法识别汇编语言程序中的助记符号，汇编语言依然是无法被直接执行的，必须预先用"汇编程序"这个软件将汇编语言程序（源程序）进行加工和翻译，使其变成能够被计算机识别和处理的二进制代码程序（目标程序）。目标程序是机器语言程序，它一旦进入内存的预定位置上，就能被计算机的 CPU 处理和执行。

汇编语言像机器指令一样，仍然是面向机器的语言，用起来比较烦琐费时，通用性也差。但是汇编语言用来编制系统软件和过程控制软件，其目标程序占用内存空间少，运行速度快，有着高级语言不可替代的用途。

（3）高级语言

高级语言是接近人类自然语言并为计算机所接受的语意确定、规则明确、自然直观和通用易学的计算机语言。高级语言是面向用户的语言，每一种高级（程序设计）语言都有自己规定的专用符号、英文单词、语法规则和语句结构，书写格式上，高级语言与自然语言（英语）更接近，而与硬件功能相分离（彻底脱离了具体的指令系统），便于掌握和使用。高级语言的通用性强、兼容性好，便于移植。

常见的高级语言有 BASIC、PASCAL、C、COBOL、FORTRAN、LISP 等。随着软件技术的发展，先后又出现了可视化编程语言 VB、VC 和面向对象的编程语言（如 VC++、Java 等）。

无论何种机型的计算机，用高级语言编写的源程序是无法被直接执行的，源程序在输入计算机时，必须通过"翻译程序"翻译成机器语言的目标程序，计算机才能识别和执行。这种"翻译"通常有两种方式，即编译方式和解释方式。

① 编译方式。

将高级语言源程序翻译成目标程序的软件称为编译程序，这种翻译过程称为编译。编译过程经过词法分析、语法分析、语义分析、中间代码生成、代码优化、目标代码生成六个环节，才生成对应的目标代码程序，然后经过链接和定位生成可执行程序，才能被执行。编译方式效率高，执行速度快。如 PASCAL、FORTRAN、COBOL 等高级语言可执行编译方式。

② 解释方式。

解释方式是将源程序逐句翻译、逐句执行的方式。解释过程不产生目标程序，基本上是翻译一行执行一行，边翻译边执行。由于不产生目标文件和可执行程序文件，解释方式的效率较低，执行速度较慢。BASIC 语言以执行解释方式为主。

编译程序与解释程序最大的区别之一在于，前者生成目标代码，而后者不生成。此外，前者产生的目标代码的执行速度比解释程序的执行速度要快；后者人机交互好，适于初学者使用。

4. 服务性程序

用于计算机的检测、故障诊断和排除的程序统称为服务性程序，如软件安装程序、磁盘扫描程序、故障诊断程序及纠错程序等。

2.2.2 应用软件

除了系统软件以外的所有软件都称为应用软件。应用软件是由计算机生产厂家或软件公司为支持某一应用领域、解决某个实际问题而专门研制的应用程序，如 Office 套件、标准函数库、计算机辅助设计软件等。用户通过这些应用程序完成自己的任务。在不同的系统软件下开发的应用程序要在不同的系统软件下运行。

近些年来，随着计算机应用领域越来越广，辅助各行各业的应用而开发的软件犹如雨后春笋层出不穷，如多媒体制作软件、财务管理软件、大型工程设计软件、服装裁剪软件、网络服务工具及各种各样的管理信息系统等。这些应用软件不需要用户学习计算机编程而直接使用即能够得心应手地解决本行业中的各种问题。应用软件是为解决某一具体问题而编制的程序。根据服务对象的不同，可以分为通用软件与专用软件。

1. 通用软件

为解决某一类问题所设计的软件称为通用软件。例如，办公软件（如 WPS、Microsoft Office 等）、财务软件、绘图软件（如 AutoCAD）、图像处理软件（如 Photoshop）及其他领域应用软件等。

2. 专用软件

专门适用于特殊需求的软件称为专用软件。例如，用户自己组织人力开发的能自动控制车床，并能将各种事务性工作集成起来的软件。

2.2.3 小结练习

1. 组成一个完整的计算机系统应该包括(　　)。

   A. 主机、鼠标器、键盘和显示器　　　　B. 系统软件和应用软件

   C. 主机、显示器、键盘和音箱等外部设备　　D. 硬件系统和软件系统

2. 下列叙述错误的是(　　)。

   A. 把数据从内存传输到硬盘的操作称为写盘

   B. WPS Office 2010 属于系统软件

   C. 把高级语言源程序转换为等价的机器语言目标程序的过程叫编译

   D. 计算机内部对数据的传输、存储和处理都使用二进制

3. 汇编语言是一种(　　)。

   A. 依赖于计算机的低级程序设计语言　　B. 计算机能直接执行的程序设计语言

   C. 独立于计算机的高级程序设计语言　　D. 面向问题的程序设计语言

4. 高级程序设计语言的特点是(　　)。

   A. 高级语言数据结构丰富

   B. 高级语言与具体的机器结构密切相关

   C. 高级语言接近算法语言，不易掌握

   D. 用高级语言编写的程序计算机可立即执行

5. 用助记符代替操作码、地址符号代替操作数的面向机器的语言是(　　)。

　A. 汇编语言　　　　B. FORTRAN 语言　　C. 机器语言　　　　D. 高级语言

6. 下列关于编译程序的说法正确的是(　　)。

　A. 编译程序属于计算机应用软件,所有用户都需要

　B. 编译程序不会生成目标程序,而是直接执行源程序

　C. 编译程序完成高级语言程序到低级语言程序的等价翻译

　D. 编译程序构造比较复杂,一般不进行出错处理

7. 下列各类计算机程序语言不属于高级程序设计语言的是(　　)。

　A. Visual Basic　　　B. FORTAN 语言　　C. Pascal 语言　　　D. 汇编语言

8. 计算机系统软件中最核心的是(　　)。

　A. 语言处理系统　　　　　　　　　　B. 操作系统

　C. 数据库管理系统　　　　　　　　　D. 诊断程序

9. 下列软件属于系统软件的是(　　)。

　A. 办公自动化软件　　　　　　　　　B. Windows XP

　C. 管理信息系统　　　　　　　　　　D. 指挥信息系统

10. 计算机软件的确切含义是(　　)。

　A. 计算机程序、数据与相应文档的总称

　B. 系统软件与应用软件的总和

　C. 操作系统、数据库管理软件与应用软件的总和

　D. 各类应用软件的总称

2.3　计算机操作系统

学习目标

- 了解操作系统的基本概念。
- 掌握操作系统的功能。
- 了解操作系统的分类。

操作系统是一套复杂的系统软件,其作用是有效地管理计算机系统的所有硬件和软件资源,合理地组织整个计算机的工件流程,并为用户提供一系列操纵计算机的实用功能和高效、方便、灵活的操作环境。

2.3.1　操作系统的概念

操作系统是人与计算机之间通信的桥梁,用户可以通过操作系统提供的命令和交互功

能实现各种访问计算机的操作。操作系统中的重要概念有进程、线程、内核态和用户态。

1. 进程

进程是一个程序与其数据一起在计算机上顺利执行时所发生的活动,一个程序被加载到内存,系统就创建了一个进程。进程是程序的一次执行过程,是一个正在执行的程序,是系统进行调度和资源分配的一个独立单位。在 Windows、UNIX、Linux 等操作系统中,用户可以看到当前正在执行的进程。

2. 线程

线程是"进程"中某个单一顺序的控制流,也被称为轻量进程,是 CPU 调度和分派的基本单位,指运行中的程序的调度单位。线程基本不拥有系统资源,只拥有在运行中必不可少的资源,一个线程可以创建和撤销另一个线程,同一个进程中的多个线程之间可以并发执行。

CPU 是以时间片轮询的方式为进程分配处理时间的。计算机的多线程也是如此,CPU 会分配给每一个线程极少的运行时间,时间一到,当前线程就交出所有权,所有线程被快速地切换执行,因为 CPU 的执行速度非常快,所以在执行过程中用户认为这些线程是"并发"执行的。

3. 内核态和用户态

计算机的特权态即内核态,拥有计算机中所有的软硬件资源;普通态即用户态,其访问资源的数量和权限均受到限制。

由于内核态享有最大权限,其安全性和可靠性尤为重要。

2.3.2 操作系统的基本功能

操作系统的功能主要是管理,即管理计算机的所有资源(软件和硬件)。一般认为操作系统具有管理处理器、内存储器、设备和计算机文件等方面的功能。它是计算机硬件与用户之间的接口,使用户能方便地操作计算机。

1. 处理器管理

在现代操作系统中,处理器的分配和运行都是以进程为基本单位的,因而对处理器的管理也可以视为对进程的管理。进程是程序的一次执行过程。处理器管理包括以下功能。

(1)进程控制

进程控制的主要任务就是为程序创建进程,撤销已结束的进程,以及控制进程在运行过程中的状态转换。在操作系统中,通常是利用若干条进程控制原语或系统调用,来实现进程的控制。所谓"原语"是指用以完成特定功能的、具有"原子性"的一个过程。

(2)进程同步

进程同步的主要任务是对众多的进程运行进行协调,协调方式包括进程互斥方式和进程同步方式。

(3) 进程通信

进程通信的任务就是用来实现相互合作进程之间的信息交换,包括直接通信方式和间接通信方式两种。

(4) 处理器调度

一个批处理作业从进入系统并驻留在外存的后备队列上开始,直至作业运行完毕,可能要经历的调度,包括高级调度,中级调度,低级高度。

2. 存储管理(内存管理)

存储管理的主要任务是为多道程序的运行提供存储环境,以方便用户使用存储器,提高存储器的利用率,并且能从逻辑上扩充内存。因此,存储管理应具有内存分配、内存保护、地址映射和内存扩充等功能。

内存分配的主要任务是为每道程序分配内存空间。操作系统在实施内存分配时可以采用静态分配方式和动态分配方式。

内存保护的主要任务是确保每道程序在自己的内存空间中运行,互不干扰,也就是说绝不允许用户程序访问操作系统及其他用户中的程序和数据。

地址映射的主要任务是将编译后的若干目标程序的逻辑地址,根据正确的地址映射功能,将地址空间中的逻辑地址转换为内存空间中与之对应的物理地址。

内存扩充的主要任务是在不增加物理内存的条件下,借助于虚拟内存技术从逻辑上扩充内存容量,使用户所使用的内存容量比实际的内存容量大得多。

3. 文件管理(信息管理)

文件是具有文件名的一组相关信息的集合。在计算机系统中程序和数据是以文件的形式存储在计算机的外存上的,文件管理的主要任务是对用户文件和系统文件进行管理,以方便用户使用,并保证文件的安全性。

文件系统功能有对文件存储空间(外存)的管理、目录管理、文件的I/O管理、文件的共享与保护等。

在多用户系统中,硬盘上存储着大量的文件,哪些文件可以为用户共享,哪些文件只能为部分用户使用,都需要系统管理员利用操作系统提供的权限管理功能为文件设定不同的访问权。

4. 设备管理

设备管理的主要功能是输入/输出设备分配和管理、缓冲管理及其通信支持、虚拟设备管理等。设备处理程序又称设备驱动程序,可实现CPU和设备控制器之间的通信。

设备管理的主要任务是根据预定的分配策略,将设备接口及外设分配给请求输入/输出的程序,并启动设备完成输入/输出操作。为了尽可能地使设备和主机进行并行工作,设备管理采用了通道和缓冲技术。

缓冲管理可缓解CPU和I/O设备速率不匹配的矛盾,达到提高CPU和I/O设备利用率及系统吞吐量的目的。

虚拟设备指通过虚拟技术将一台独占设备虚拟成多台逻辑设备,供多个进程同时使用。即把一个物理设备变换为多个对应的逻辑设备。虚拟设备技术也就是改造设备特性的假脱机技术,它把独享设备发行成了逻辑上的共享设备。

5. 作业管理(进程管理)

作业管理也称为进程管理。在现代计算机系统中,为了提高系统的资源利用率,CPU将为某一程序独占。通常采用多道程序设计技术,即允许多个程序同时进入计算机系统的内存并运行。在管理过程中,单用户单任务的情况下,CPU被一个用户的一个任务独占,进程的调度十分简单。但在多用户或者多任务的情况下,就需要解决CPU的调度、分配和回收等问题。

2.3.3 操作系统的发展与分类

1. 操作系统的发展

计算机诞生初期,尚没有操作系统的概念,随着计算机应用的普及和发展,操作系统逐渐形成,并日益发展和完善,到了20世纪80年代已趋于成熟。操作系统从无到有,从简单到复杂,经历了一个快速的发展过程。操作系统的发展大致经历了如下六个阶段:

(1) 第一阶段:人工操作方式(1946年第一台计算机诞生至20世纪50年代中期)

早在20世纪40年代中期到50年代初期,用户完全靠手工操作控制计算机的工作流程。具体过程大致是:用户首先将程序和数据"写"(穿孔)在卡片(或纸带)上,然后将卡片(或纸带)放入卡片(或纸带)输入机,启动输入机将程序和数据读入计算机,最后启动计算机运行,运行完毕,取走结果(输出到卡片或磁带机)。下一个用户上机时重复上述步骤。由于手工操作所花费的时间远远超过CPU处理数据所用时间,而卡片(或纸带)机的输入/输出速度也远低于CPU的处理速度,这就出现了CPU等待人工操作、CPU与外设之间速度不匹配的矛盾,并且还存在用户独占硬件资源、程序难修改(重做纸带或卡片)的缺点。

(2) 第二阶段:单道批处理操作系统(20世纪50年代后期)

为了解决人机之间,以及CPU和I/O设备之间速度不匹配的矛盾,20世纪50年代末出现了脱机输入/输出技术。该技术引入了卫星机,先由卫星机把卡片输入机或纸带输入机中的程序和数据输入磁带上,当CPU需要使用这些程序和数据时,再从磁带上高速地读入内存。输出计算结果时,CPU直接高速地把数据从内存送到磁带上,然后由卫星机将磁带上的输出结果传送到其他输出设备。卫星机输入/输出数据时,不占用主机时间,减少了CPU的空闲时间,同时也提高了I/O速度。为了进一步减少CPU空闲时间,可以把一批作业以脱机输入方式输入磁带上,并在系统中配置了监督程序,在监督程序的控制下,计算机自动地将用户作业逐一执行,初步实现上机操作的自动化,形成了单道批处理系统。单道批处理系统具有自动性(系统自动运行一批作业,无须人工干预)、顺序性(各作业按其在磁带上的位置顺序进入内存执行)、单道性(内存中仅有一道程序在运行)等特点。由于操作受到CPU的控制,所以当作业进行I/O操作时,CPU还是空闲的,这种串行工作方式仍浪费大量的CPU时间,系统资源的利用率和运行效率仍然比较低。监督程序的出现改善了运行环境,但是还称不上操作系统。

(3) 第三阶段:多道批处理操作系统(20世纪60年代中期)

随着硬件的发展,出现了"中断"和"数据通道",同时出现了多道程序设计技术。当正在执行的一个用户程序需要输入/输出数据时,CPU启动外设,在外设进行输入/输出操作期间,主机并不空闲等待而是执行另一个程序(外设的速度远远慢于主机的速度),这样主机与外设就可以并行地进行工作。

在多道程序设计技术的支持下,20世纪60年代初期出现了多道批处理系统。该系统允许内存中同时存放多道相互独立的作业(多道性),作业的完成顺序与其进入内存的先后顺序无关(无序性)。从宏观上看,多道作业在内存中同时并行执行;微观上看,各道作业分时地占用CPU。为了保证系统正常运转,多道批处理系统中必须解决作业和进程的调度、I/O的有效管理、程序并发执行的组织、文件的管理等问题,使CPU、内存、I/O设备等资源的利用率得以提高。从这一时期起,操作系统的雏形就形成了。

(4) 第四阶段:分时和实时操作系统(20世纪70年代)

后来,又根据需要逐步开发出分时处理操作系统、实时操作系统等,操作系统才真正形成了。再后来,随着硬件技术[如VLSI(Very Large Scale Integration,超大规模集成电路技术)]和计算机体系结构的不断发展,操作系统的设计技术也在进一步地发展,出现了微机操作系统、多处理机操作系统、网络操作系统和分布式操作系统及中文操作系统和其他专用操作系统等。

(5) 第五阶段:现代操作系统(20世纪80年代至今)

20世纪80年代,伴随开放系统的兴起和发展,开始了"开放式操作系统"的研究,其特点是符合国际标准,具有良好的扩充性和移植性。

现在,我们已经步入了信息社会,由于计算机是贯穿信息社会的核心技术,网络和通信是信息社会赖以存在的基础设施,消费电子是人与信息社会的主要接口,因此3C(Computer,Communication,Consumer Electronics)合一是大势所趋。3C合一的必然产物是信息电器,而计算机硬件的微型化和专业化也保证了信息电器的实现。为了控制信息电器的自动运转,需要开发相应的嵌入式软件,这最终形成了支持嵌入式软件运行的嵌入式操作系统(Embedded Operating System)。随着信息电器和信息产业的进一步发展,面对巨大的生产量和用户量,嵌入式软件和嵌入式操作系统的应用前景十分广阔。

2. 操作系统的分类

根据工作环境和工作方式,可将操作系统分为单用户操作系统、批处理操作系统、分时操作系统、实时操作系统、网络操作系统、分布式操作系统和并行操作系统七种常见类型。

(1) 单用户操作系统(Single-user Operating System)

单用户操作系统是指计算机系统一次只能运行一个用户程序的操作系统。这类系统的最大缺点是计算机系统的资源不能充分被利用。单用户操作系统主要配置在微型计算机上,又有单任务和多任务之分。

单用户单任务操作系统每次只允许一个用户上机,且任意时刻只允许一个用户程序运行。这里,把一个用户程序的一次执行称为一个任务。这是一种最简单的微机操作系统,主要配置在 8 位微机和 16 位微机上,最有代表性的单用户单任务操作系统是美国 Microsoft 公司开发的 MS-DOS。

"多任务"指的是计算机可以在同一时间内运行多个应用程序。例如,可以一边用计算机写文章,一边在同一台计算机上播放 CD 唱片。这种操作系统的好处在于可以提高效率,使用户最大限度地利用计算机资源。所谓"单用户多任务",是指虽然每次只允许一个用户上机,但允许一次向系统提交多个任务,使这些任务同时"并发"地执行,从而有效地改善系统的性能。目前,微机上流行的 Windows 操作系统就属于单用户多任务操作系统。

(2) 批处理操作系统(Batch Operating System)

批处理操作系统指支持多个用户程序同时在一台计算机上运行的操作系统。批处理操作系统运行于大中型计算机上,可以支持多个程序或多个作业同时存在和运行,也称多任务操作系统。例如,IBM 的 DOS/VSE 系统。

其基本工作方式是:用户将作业交给系统操作员,系统操作员收到作业后,将作业累积到一定的数量后,组成一批作业,再把这批作业输入计算机中进行批处理,而在计算机内存中同时保持着多个作业,CPU 交替地处理这多个作业。宏观上,给用户的感觉是"同时"处理多个作业(这就是所谓的并发)。

实现了并发机制的多道批处理系统的主要优点是资源利用率高、系统吞吐量大。不足之处在于作业的平均周转时间长(作业从进入系统开始到完成所经历的时间)、无交互能力。

(3) 分时操作系统(Time Sharing Operating System)

分时操作系统是支持多个用户通过各自的终端共享主机系统中各种资源的操作系统,它在一台计算机周围挂上若干台近程或远程终端,每个用户可以在各自的终端上通过文件系统彼此交流数据和共享各种文件,以交互的方式控制作业运行,协同完成任务。它是为弥补批处理方式不能提供交互服务的缺陷而发展起来的。

分时操作系统允许在同一时间内多个用户使用同一台计算机(多用户)。系统配备几台、几十台甚至上百台终端。一台终端通常只有一个键盘和一台显示器,将这些终端连接到一台计算机(又称主机)上,每个用户占用一台终端,通过终端交互式地向系统提出命令请求,系统接受用户命令后,采用时间片轮转的方式处理服务请求,并最终在用户终端上显示处理结果,用户再根据系统回送的处理结果发送下一条交互命令。

分时操作系统的主要优点是采用与终端用户交互会话的工作方式,方便了用户使用计算机,加快了程序的调试过程,更进一步地提高了资源的利用率和系统的吞吐量。

最有代表性的 UNIX 操作系统就是一个多道分时操作系统。目前 UNIX 已经成为世界上最著名的操作系统之一。1980 年 Microsoft 公司在 UNIX 第 7 版本的基础上,推出了 UNIX 的微机操作系统版本,该版本被称为 XENIX。UNIX 有很多版本,目前常见的版本有 DELLUNIX、NetBSD、SCOUNIX、Ultrix、RedHat、Linux 等。

(4) 实时操作系统(Real Time Operating System)

在某些领域中,要求计算机对数据能进行迅速反馈和处理,以达到控制的目的,这种有相应时间要求的快速处理过程叫实时处理过程,因此产生的操作系统叫实时操作系统。例如,自动控制飞机飞行、导弹发射等时,计算机必须尽快处理测量系统测得的数据,及时对飞机或导弹进行控制(实时控制系统)。又如,在订票系统、银行系统或情报检索系统中,也要求计算机在很短的时间内对服务的用户做出正确回答(实时信息处理系统)。

按照对截止时间的要求,可将实时操作系统分为硬实时系统和软实时系统两大类。在事件处理时,硬实时系统必须严格满足要求的截止时间,否则会对系统造成很大的影响;而软实时系统仅是满足一个要求的时间范围。

(5) 网络操作系统(Network Operating System)

网络操作系统是向网络计算机提供网络通信和网络资源共享功能的操作系统。它是负责管理整个网络资源和方便网络用户的软件的集合。由于网络操作系统是运行在服务器之上的,所以有时也称为服务器操作系统。

网络操作系统是在各种计算机操作系统之上按照网络体系结构设计开发的一种操作系统。它提供通信、资源共享和网络服务等功能,并向用户提供统一的、有效的网络接口的软件集合,使计算机在网络中方便地传送信息和共享资源。

网络操作系统有客户机服务器(Client/Server,简写为 C/S)、对等模式(Peer-to-peer)两种工作模式。前者将网络中的站点分为服务器和客户机,服务器作为网络控制中心或数据中心,向客户机提供文件打印、通信传输、数据库等各种服务;客户机既可以访问本机中的资源,也可以访问服务器中的资源,是目前较为流行的工作模式。后者模式下的网络中的站点是对等的,主机既可以作为客户机访问其他站点,又可以作为服务器为其他站点提供服务。

目前,网络操作系统有三大主流:UNIX、Netware 和 Windows NT。UNIX 是唯一能跨多种平台的操作系统;Windows NT 工作在微机和工作站上;Netware 则主要面向微机。支持 C/S 结构的微机网络操作系统则主要有 Netware、UnixWare、Windows NT、Lan Manager 和 Lan Server 等。

(6) 分布式操作系统(Distributed Operating System)

传统的计算机系统中,其处理和控制功能都高度集中在一台计算机上,所有的任务都由这台计算机完成,这种系统称为集中式计算机系统。

分布式计算机系统是指由多台分散的计算机,经互联网连接而成的系统。每台计算机既高度自治,又相互协同,能在系统范围内实现资源管理、任务分配,还能并行地运行分布式程序。

通常,分布式计算机系统满足以下条件:任意两台计算机可以通过系统的安全通信机制进行信息交换。系统资源为所有用户共享,用户只要考虑系统中是否有所需资源,而无须考虑资源在哪台计算机上。若干台机器可以互相协作共同完成某项任务。该系统将任务划分成若干个并发执行的子任务,将这些子任务动态地分发到各处理单元上执行,于是,一个程序可以分布于几台计算机上并行运行。这是一般网络无法办到的,所以,分布式系统是一种特殊的计算机网络。一台计算机出错不影响其他计算机的运行,所以,具有较好的容错性和健壮性。支持分布式计算机系统管理的操作系统称分布式操作系统。分布式操作系统应该具备进程通信、资源共享、并行运算、网络管理四项基本功能。进程通信保证运行在不同计算机上的进程可以交换数据;资源共享提供访问它机资源的功能(比如,A机上的某进程在使用B机上的打印机的同时,B机上的某进程也可以存取A机上的某个文件);并行运算提供某种用于编写分布式程序的程序设计语言,这种程序可在系统中多个计算机上并行运行;网络管理高效地控制和管理网络资源,对用户具有透明性(使用分布式操作系统的方式与传统单机相似,用户不知道使用的是本地资源还是它机上的资源)。

分布式操作系统的主要优点是:坚定性强、扩充容易、可靠性好、维护方便和效率较高。

(7) 并行操作系统(Concurrent Operating System)

并行操作系统是一种挖掘现代高性能计算机和现代操作系统的潜力的计算机操作系统,能够最大限度地提高并行计算系统的计算能力。

并行操作系统是针对计算机系统的多处理器要求设计,它除了完成单一处理器系统同样的作业与进程控制任务外,还必须能够协调系统中多个处理器同时执行不同作业和进程,或者在一个作业中由不同处理器进行处理的系统协调。因此,在系统的多个处理器之间活动的分配、调度也是操作系统的主要任务。

传统的操作系统为了提高硬件资源的利用效率,采用了多任务并发执行的技术。即通过切换不同的用户程序以达到多道程序的运行目的。而并行操作系统是要提供真正的多道程序运行环境。当可运行的用户程序数目小于或者等于处理器个数,它们将真正地得到并行执行。并行操作系统除了要管理各个节点机之外,还要负责各节点与宿主机的通信以及节点机相互之间的通信和同步等功能。

2.3.4 几种主要的操作系统

操作系统是用户与计算机之间通信的桥梁,为用户提供访问计算机资源的环境。一个好的操作系统不但能使计算机中的软件和硬件资源得以充分利用,还要为用户提供一个清晰、简洁、易用的工作界面。用户通过使用操作系统提供的命令和交互功能实现各种访问计算机的操作。

1. MS-DOS 操作系统

MS-DOS 操作系统是美国微软(Microsoft)公司在1981年为IBM-PC微型机开发的操作系统。它是一种单个用户独占式使用,并且仅限于运行单个计算任务的操作系统。在运行时,单个用户的唯一任务占用计算机上的资源,包括所有的硬件和软件资源。

MS-DOS 有很明显的弱点:一是它作为单任务操作系统已不能满足需要;二是由于最初是为16位机开发的,因而所能访问的内存地址空间太小,限制了微型机的性能。而现有的32位、64位微处理器留给用户的寻址空间非常大,当内存的实际容量不能满足需要时,操作系统能够用分段和分页的虚拟想念技术将存储容量扩大到整个外存储空间。在这一点上,MS-DOS 原有的技术就无能为力了。

2. Windows 操作系统

Windows 是微软公司开发的基于图形 Windows 下可以同时运行多个应用程序的操作系统。例如,在使用 Word 字处理软件编写一篇文章时,如果想在其中插入一幅图形,可以不退出 Word 而启动 Windows 自带的应用软件"画笔"来画，然后插入正在用 Word 编写的文章中去。这时两个应用程序实际上都已调入主存储器中，处于工作状态。

3. UNIX 操作系统

UNIX 是在操作系统发展历史上具有重要地位的一种多用户多任务的操作系统。它是 20 世纪 70 年代初期由美国贝尔实验室用 C 语言开发的，首先在美国许多大学中推广，而后在教育科研领域中得到了广泛应用。20 世纪 80 年代后，UNIX 作为一种成熟的多用户多任务操作系统，以及非常丰富的工具软件平台，被许多计算机厂商所采用。这些公司推出的中档以上计算机都配备了基于 UNIX，但换了一种名称的操作系统，如 SUN 公司的 SOLARIES，IBM 公司的 AIX 操作系统，等等。

4. Linux 操作系统

Linux 是一个与 UNIX 完全兼容的免费的操作系统，但它的内核全部重新编写，并公布所有源代码。Linux 由芬兰人 Linux Torvalds 首创，由于具有结构清晰、功能简捷等特点，许多编程高手和业余计算机专家不断地为它增加新的功能，已经成为一个稳定可靠、功能完善、性能卓越的操作系统。目前，Linux 已获得了许多计算机公司的支持，许多软件公司也相应地推出了基于 Linux 操作系统的应用软件。

除了上述操作系统之外，值得注意的还有 Macintosh OS、IBM 的 OS/2 操作系统。前者是美国苹果公司为自己的 Macintosh 微型机开发的一种多任务的操作系统，于 1984 年推出，是当时计算机市场上第一个成功采用图形界面的操作系统。后者是美国 IBM 公司在微型机为替代 DOS 而开发的性能优良的操作系统。它能充分发挥 32 位微型机的能力，并具有方便的图形界面。其最新的产品名称为 OS/2 Wrap。

2.3.5 文件系统

计算机是以文件(File)的形式组织和存储数据的。简单地说，计算机文件就是用户赋予了名字并存储在磁盘上的有序的信息集合。

在 Windows 操作系统中，文件夹是组织文件的一种方式，可以把同一类型的文件保存在一个文件夹中，也可以根据用途将文件保存在不同的文件夹中。

在操作系统中，负责管理和存取文件信息的部分被称为文件系统或信息管理系统。在文件系统的管理下，用户可以根据文件名访问文件。

1. 文件名

在计算机中任何一个文件都有一个文件名。文件名是存取文件的依据，即按名存取。一般来说，文件分为主文件名和扩展文件名两部分。

不同操作系统的文件命名规则有所不同。Windows 是不区分大小写的；而文件主名、扩展名 UNIX 是区分大小写的。

文件名中可以使用的字符包括：汉字字符、26 个大小写英文字母、0—9 十个阿拉伯数字和一些特殊字符。

在文件名中不能使用的符号有：\、/、:、;、*、?、"、<、>、|。

不许命名的文件名有 CON、COM2、COM3、COM4、LPT1、LPT2、PRN、NUL、AUX 等，系统已对这些文件名作了定义。

用户在给文件起名时，最好要做到"见名知意"，即通过文件名能反映文件的大概内容，便于记忆。

2. 文件类型

在绝大多数操作系统中，文件的扩展名用于表示文件的类型。常见的文件类型、扩展名及其表示的意义如表2-2所示。

表2-2 常见的文件类型、扩展名及其表示的意义

文件类型	扩展名	含义
可执行程序	EXE、COM	可执行程序文件
源程序	C、CPP、BAS、ASM	程序设计语言的源程序文件
目标文件	OBJ	源程序文件经编译后生成的目标文件
MS Office 文档文件	DOCX、XLSX、PPTX	Microsoft Office 中的 Word、Excel、PowerPoint 创建的文件
图像文件	BMP、JPG、GIF	图像文件，不同的扩展名表示不同格式的图像文件
流媒体文件	WMV、RM、QT	能通过 Internet 播放的流媒体文件，不需要下载整个文件即可播放
压缩文件	ZIP、RAR	压缩文件
音频文件	WAV、MP3、MID	声音文件，不同的扩展名表示不同格式的音频文件
网页文件	HTML、ASP	一般来说，前者是静态的，后者是动态的

3. 文件属性

文件除了文件名外，还有文件的大小、占用空间等，这些信息称为文件属性。用鼠标右键单击文件夹或文件对象，在弹出的快捷菜单中选择"属性"命令，会弹出"属性"对话框，其中包括如下属性：

① 只读：设置为只读属性的文件只能读，不能修改，起到保护作用。

② 隐藏：具有隐藏属性的文件在一般情况下是不显示的。

③ 存档：任何一个新创建或修改的文件都有存档属性。

4. 文件通配符

在输入文件名时，使用通配符可以成批地对文件进行操作处理。把带有通配符的文件名称为通配文件名，一个通配文件名可以代表一批文件。文件通配符有两个，即"?"和"*"。

"?"通配符可以代表除空格以外的任何一个字符。注意，一个"?"最多可以代表一个字符，也可以什么都不代表。"*"通配符可以匹配任何数目的一串字符，包括0个字符。

5. 文件操作

文件的常用操作有：建立文件、打开文件、写入文件、删除文件、属性更改等。

2.3.6 小结练习

1. 计算机操作系统通常具有的五大功能是（　　）。
   A. CPU管理、显示器管理、键盘管理、打印机管理和鼠标器管理
   B. 硬盘管理、U盘管理、CPU的管理、显示器管理和键盘管理
   C. 处理器（CPU）管理、存储管理、文件管理、设管理和作业管理
   D. 启动、打印、显示、文件存取和关闭

2. 下列说法正确的是（　　）。
   A. 一个进程会伴随着其程序执行的结束而消亡
   B. 一段程序会伴随着其进程结束而消亡
   C. 任何进程在执行未结束时不允许被强行终止
   D. 任何进程在执行未结束时都可以被强行终止

3. 下列选项完整描述计算机操作系统作用的是（　　）。
   A. 它是用户与计算机的界面
   B. 它对用户存储的文件进行管理，方便用户使用
   C. 它执行用户键入的各类命令
   D. 它管理计算机系统的全部软、硬件资源，合理组织计算机的工作流程，以达到充分发挥计算机资源的效率，为用户提供使用计算机的友好界面

4. 计算机操作系统的主要功能是（　　）。
   A. 管理计算机系统的软、硬件资源，以充分发挥计算机资源的效率，并为其他软件提供良好的运行环境
   B. 把用高级程序设计语言和汇编语言编写的程序翻译到计算机硬件可以直接执行的目标程序，为用户提供良好的软件开发环境
   C. 对各类计算机文件进行有效的管理，并提交计算机硬件高效处理
   D. 为用户方便地操作和使用计算机

第 3 章　计算机操作系统

Windows 7 是微软公司推出的跨图形界面操作系统,具有功能强大、易学易用的特点,是目前广泛使用的操作系统。Windows Aero 给计算机带来了全新的外观,极大地提高了系统的用户体验。通过对本章的学习,我们可以掌握 Windows 7 的各种常用操作,更好地使用和管理计算机。

思维导图

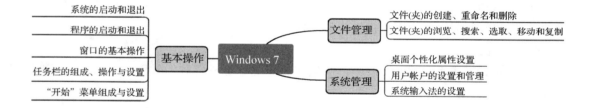

3.1　Windows 7 的基本操作

 学习目标

- 掌握 Windows 7 系统的启动和退出的方法。
- 掌握 Windows 7 程序的启动、关闭和窗口的基本操作。
- 掌握任务栏的组成、操作及属性设置的方法。
- 掌握"开始"菜单的组成与设置方法。

3.1.1　Windows 7 系统的启动和退出

1. Windows 7 系统的启动

(1) 先打开显示器电源开关,再按下主机上的电源开关,计算机启动并在硬件自检等步骤后载入操作系统。

（2）操作系统启动完成后,屏幕上显示用户建立的用户帐户,单击(按一次鼠标左键)用户图标即可进入系统,屏幕显示系统桌面(图 3-1)。若帐户设有密码,则需输入密码后单击"登录"按钮进入系统。

图 3-1　Windows 7 系统桌面及主要组成部分

2. Windows 7 系统的退出

单击屏幕左下角的"开始"按钮,在弹出的"开始"菜单中单击右下角的"关机"按钮,即可退出操作系统并关闭计算机,如图 3-2 所示。

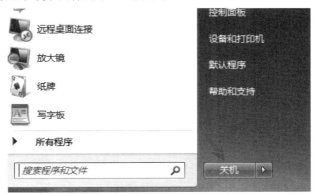

图 3-2　"关机"按钮

3.1.2　Windows 7 程序的启动、关闭和窗口的基本操作

1. 应用程序的启动

在 Windows 7 中启动应用程序的方法主要有通过双击(连续快按两次鼠标左键)桌面上的程序(或其快捷方式)图标、单击任务栏上的程序图标和单击"开始"菜单里的程序名等方式。现以第一种方法为例进行操作说明。

例如,双击桌面上的 Microsoft Office Word 快捷方式,桌面上生成 Word 程序的窗口,同时在任务栏上产生一个对应的按钮,如图3-3所示。

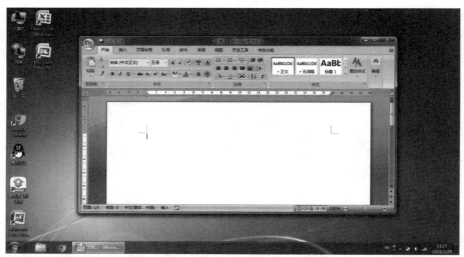

图3-3　启动Word程序

2. 窗口的基本操作

Word程序窗口的组成如图3-4所示,其中标注名称的部分是所有Windows 7应用程序所共有的。

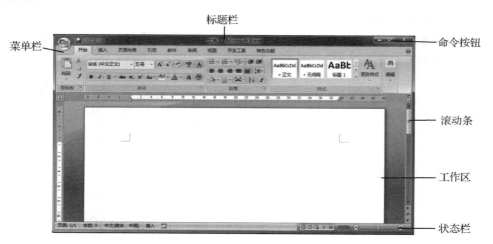

图3-4　窗口组成

用户可根据需要执行对窗口的基本操作,如最大化或最小化窗口、调整窗口大小、关闭窗口、切换窗口等。

（1）最大化、最小化、还原、关闭窗口

程序启动后窗口菜单栏最右侧的三个按钮分别是"最小化""最大化""关闭"按钮。单击"最小化"按钮,窗口缩小为带有名称的图标显示在任务栏上,如图3-5所示,单击此图标,窗口重新出现在桌面上。单击"最大化"按钮,窗口占满整个屏幕,同时"最大化"按钮变为"还原"按钮(图3-6)。单击"还原"按钮,窗口恢复为原来的大小和位置。单击"关闭"按钮，关闭 Word 程序窗口。

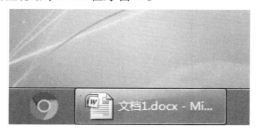

图 3-5　任务栏上与窗口对应的图标

图 3-6　"最小化""还原""关闭"按钮

（2）移动窗口和改变窗口大小

当窗口没有被最大化或最小化时，将鼠标放在标题栏处，按住鼠标左键并拖曳鼠标，可在桌面上移动窗口。

将鼠标光标移到窗口的边框或角上，当鼠标光标变成双向箭头时按住鼠标左键进行拖动，可以改变窗口的大小及长宽比。

（3）切换窗口

单击某个窗口上的任意位置，可以使窗口成为活动窗口（用户当前正在使用的窗口）。如果用户启动了多个程序，桌面上可能布满杂乱的窗口，一些窗口可能部分或完全被其他窗口遮挡，此时用户通过以下方式在各窗口之间进行切换。

每个窗口都在任务栏上具有相应的图标。若要切换到某个窗口（如画图程序窗口），只需单击其在任务栏上对应的图标，该窗口就会出现在所有其他窗口的前面，成为活动窗口（用户当前正在使用的窗口），如图 3-7 所示。

图 3-7　通过任务栏进行窗口切换

此外，用户还可以使用 Aero 进行具有三维视觉效果的窗口切换：按住键盘上的【WIN】键（印有微软图标的按键），然后按【TAB】键在各活动窗口间切换，当目标窗口在最前面时，释放【WIN】键即可，如图 3-8 所示。

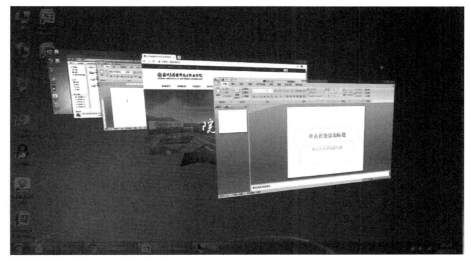

图 3-8　使用 Aero 进行窗口切换

3. 程序的退出

部分程序在用户单击菜单栏关闭按钮后，在关闭窗口的同时会退出程序。除此之外，对于 Word 可以通过单击窗口左上角的控制菜单图标，在单击该图标后弹出的菜单中单击"关闭"命令，可以关闭当前窗口，单击"退出 Word"按钮，可以关闭所有窗口并退出 Word 程序，如图 3-9 所示。按【Alt】+【F4】组合键也可关闭程序。

图 3-9　控制菜单

3.1.3　任务栏的组成、操作及属性设置

1. 任务栏的组成及操作

任务栏包含"开始"菜单按钮、部分应用程序按钮图标和通知区域，默认情况下呈条形显示在桌面底部，如图 3-10 所示。

开始菜单　快速启动栏　应用程序栏　　　　　　　　　　　　语言栏　通知区域　显示桌面
按钮

图 3-10　任务栏的组成

任务栏的各组成部分如下：

- "开始"菜单按钮：单击此按钮，会弹出"开始"菜单。
- 快速启动栏：单击该区域的图标，可以快速启动相应的应用程序。将某个应用程序的图标拖动到任务栏上，即可生成其快速启动图标。
- 应用程序栏：已打开的应用程序或窗口会在该区域生成一个图标，单击图标，可以启动相应的应用程序或窗口到前台。
- 语言栏：显示当前使用的输入法。
- 通知区域：显示了一些应用程序的状态及电源状态、时间等信息。如 QQ 等软件启动后，可以把程序图标放入通知区域。单击图 3-11 中的白色向上箭头，可以查看通知区域的隐藏应用程序图标。
- "显示桌面"图标：单击该图标，可把所有窗口都最小化，再单击一次，即可还原窗口。

图 3-11　任务栏通知区域

2. 任务栏属性的设置

在任务栏空白处单击鼠标右键，若在弹出的快捷菜单中选中"锁定任务栏"命令（图 3-12），则单击该项将其取消选中，就可以对任务栏属性进行设置。

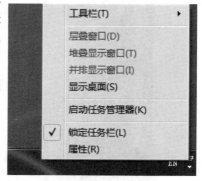

图 3-12　任务栏快捷菜单

把鼠标光标移到任务栏与桌面交界处,当鼠标指针变成双向箭头形状时,按住鼠标左键拖动,即可改变任务栏大小。

桌面上的四边都可以放置任务栏。单击任务栏的空白处并按住鼠标左键不放,然后拖动鼠标光标至桌面某条边,当该条边上出现任务栏时松开鼠标,就可以把任务栏移到该处。另一种方法是在任务栏空白处单击鼠标右键,选择快捷菜单中的"属性"命令,在弹出的对话框内的"屏幕上的任务栏位置"右侧下拉菜单中选择相应的位置,如图 3-13 所示,再单击"应用"按钮。图 3-14 是任务栏位于右侧的系统桌面。

图 3-13 "任务栏和「开始」菜单属性"对话框

图 3-14 任务栏位于右侧的系统桌面

3.1.4 "开始"菜单的组成与设置

1. "开始"菜单的组成

单击任务栏左侧的 Windows 徽标,可以打开"开始"菜单,如图 3-15 所示。

图 3-15 "开始"菜单

"开始"菜单由以下几个部分组成。

- 常用程序列表：位于"开始"菜单左侧，列出系统中使用最频繁的程序及新安装的程序，单击即可启动。此列表是动态变化的。
- "所有程序"：选择"所在程序"，可显示比较全面的可执行程序列表，单击某个程序名，即可启动该程序。
- "启动"菜单：位于"开始"菜单右侧，列出 Windows 7 系统常用的系统程序和链接，如"计算机""控制面板""文档"等。
- "关机"按钮：单击此按钮，可关闭计算机。单击右边的箭头按钮，弹出的菜单包含"切换用户""注销""重新启动"等命令，如图 3-16 所示，单击其中某一项即可对系统执行相应的操作。

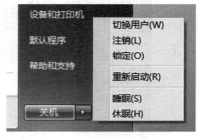

图 3-16 "关机"菜单

2. "开始"菜单的设置和应用

（1）将程序图标添加到常用程序列表

在"开始"菜单中右击（按一次鼠标右键）程序图标，在弹出的快捷菜单中单击"附到「开始」菜单"命令（图 3-17），也可以将桌面上的程序图标直接拖到"开始"菜单的图标上。

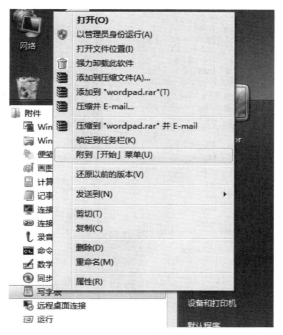

图 3-17 添加程序到常用列表

（2）删除程序图标

打开"开始"菜单，右击想要删除的程序图标，在弹出的快捷菜单中选择"从列表中删除"命令，如图 3-18 所示。

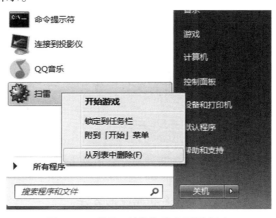

图 3-18 从"开始"菜单中删除程序

（3）为程序创建桌面快捷方式

打开"开始"菜单，选择"所有程序"，右击某个程序图标，选择"发送到"→"桌面快捷方式"菜单项，如图 3-19 所示，即可为该程序创建桌面快捷方式。

图 3-19　创建桌面快捷方式

3.1.5　小结练习

1. 单击"开始"菜单，打开"控制面板"窗口，并最小化、最大化、还原窗口。
2. 在任务栏上添加"计算器"程序的快速启动图标。
3. 将"记事本"程序图标添加到常用程序列表，再将其删除。
4. 为"画图"程序创建桌面快捷方式。

3.2　Windows 7 的文件管理

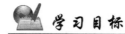 学习目标

- 掌握文件或文件夹的创建、重命名和删除的方法。
- 掌握文件或文件夹的浏览、选取、搜索、移动、复制和属性设置的方法。

文件是操作系统中基本的存储单位，同类或相关的文件可以集中在一起放在文件夹里。Windows 操作系统对文件和文件夹的管理是通过文件系统进行的。

3.2.1　文件或文件夹的创建、重命名和删除

1. 创建文件或文件夹

我们可以把新的文件或文件夹创建在磁盘的根目录下，也可以创建在已有的文件

夹内。

具体操作步骤如下：

① 双击"计算机"图标，打开"计算机"窗口，双击 D 盘图标，进入 D 盘根目录，如图 3-20 所示。

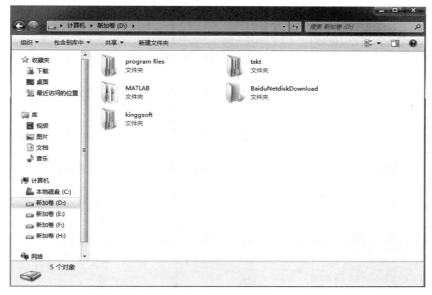

图 3-20　D 盘根目录窗口

② 右击窗口空白处，在弹出的快捷菜单中选择"新建"→"文件夹"菜单项（图 3-21），便创建了名为"新建文件夹"的文件夹。

图 3-21　创建新的文件夹

③ 双击刚才创建的新文件夹图标，进入文件夹。右击窗口空白处，在弹出的快捷菜单中选择"新建"→"文本文档"菜单项（图 3-22），便创建了"新建文本文档.txt"。

图 3-22　创建新文件

双击"新建文本文档.txt"的图标,可以打开这个新文件,如图 3-23 所示,这是一个空白文本文件。

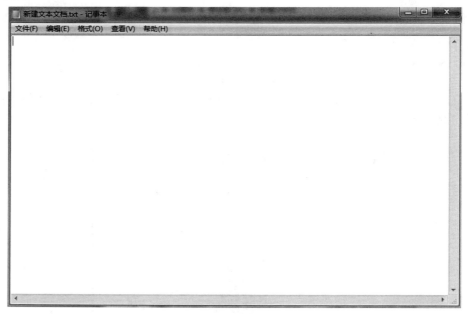

图 3-23　打开的"新建文本文档.txt"

2. 重命名文件或文件夹

Windows 系统中文件名称格式是"××××.×××",其中"."后面的部分是代表文件类型的扩展名。扩展名多数情况下是不能更改的,否则可能造成文件无法打开。

关闭"新建文本文档.txt"文件,两次单击该文件的图标,此时便可更改文件名,输入新的文件名,再按回车键,即完成了对该文件的重命名。

图 3-24　重命名文件

另一种方法是右击该文件,在弹出的快捷菜单中选择"重命名"命令。还可以选中文件后按键盘上的快捷键【F2】对文件重命名。

对文件夹重命名的方法与对文件的重命名方法完全相同。

3. 删除文件或文件夹

删除文件和删除文件夹的方法是完全相同的。

右击之前创建的"新建文件夹",在弹出的快捷菜单中选择"删除"命令,系统弹出"删除文件夹"对话框,如图 3-25 所示。如果确定要删除,单击"是"按钮,否则单击"否"按钮。

图 3-25 "删除文件夹"对话框

还可以通过单击选中文件或文件夹后,按键盘上的【Delete】键或直接将文件或文件夹拖入回收站来删除文件或文件夹。

用以上方法删除的文件或文件夹并没有真正从计算机中消失,而是被放到了回收站。从回收站恢复文件或文件夹的方法是:双击桌面上的"回收站"图标,在"回收站"窗口中选中要恢复的文件或文件夹,再单击工具栏上的"还原此项目"按钮(图 3-26),即可将文件或文件夹从回收站移回原来的位置。

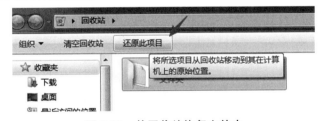

图 3-26 从回收站恢复文件夹

要一次性永久删除文件或文件夹,可以使用【Shift】+【Delete】组合键。

3.2.2 文件或文件夹的浏览、搜索、选定、移动和复制

1. 浏览文件或文件夹

双击桌面上的"计算机"图标,打开"计算机"窗口,可以看到所有本地磁盘驱动器,双击打开任意一个驱动器都可以看到其根目录下的文件或文件夹。双击其中任意一个文件夹,可以浏览该文件夹里面的所有文件或文件夹。

2. 文件或文件夹的显示方式

(1) 设置文件或文件夹的显示方式

右击窗口空白处,在弹出的快捷菜单中选择"查看"命令,在右侧新弹出菜单中可以看到 Windows 7 为用户提供的 8 种文件或文件夹显示方式,如图 3-27 所示,可以看到当前的文件或文件夹是以"平铺"方式呈现的。单击"详细信息"菜单项,可以令文件或文件夹以"详细信息"方式显示,如图 3-28 所示。

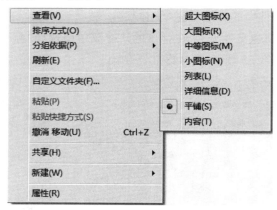

图 3-27 文件或文件夹显示方式菜单

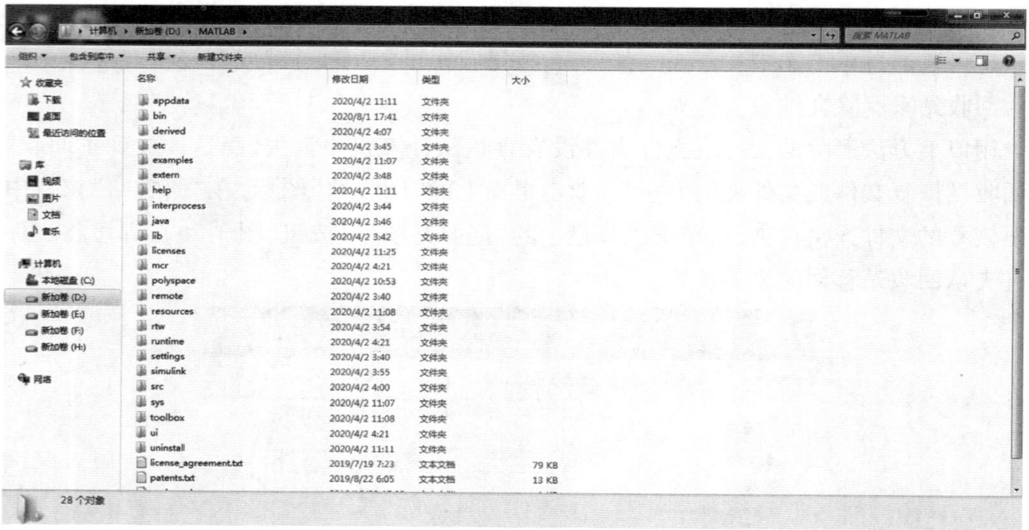

图 3-28 以"详细信息"方式显示的文件或文件夹

(2) 以不同的方式排列文件或文件夹

右击窗口空白处,在弹出的快捷菜单中选择"排序方式"命令,在右侧新弹出菜单中可以看到 4 种排序依据,按任一种排序依据排列又有递增和递减两个选项,如图 3-29 所示。选择"修改日期"排序方式和"递减"菜单项,可以看到文件或文件夹分别按修改日期由近及远排列,如图 3-30 所示。

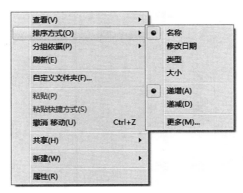

图 3-29 文件或文件夹排序方式菜单

名称	修改日期	类型	大小
VersionInfo.xml	2019/8/22 6:32	XML 文档	1 KB
patents.txt	2019/8/22 6:05	文本文档	13 KB
license_agreement.txt	2019/7/19 7:23	文本文档	79 KB
trademarks.txt	2013/12/28 15:08	文本文档	1 KB
bin	2020/8/1 17:41	文件夹	
licenses	2020/4/2 11:25	文件夹	
appdata	2020/4/2 11:11	文件夹	
help	2020/4/2 11:11	文件夹	
uninstall	2020/4/2 11:11	文件夹	
resources	2020/4/2 11:08	文件夹	
toolbox	2020/4/2 11:08	文件夹	
examples	2020/4/2 11:07	文件夹	
sys	2020/4/2 11:07	文件夹	
polyspace	2020/4/2 10:53	文件夹	
mcr	2020/4/2 4:21	文件夹	
runtime	2020/4/2 4:21	文件夹	
ui	2020/4/2 4:21	文件夹	
derived	2020/4/2 4:07	文件夹	
src	2020/4/2 4:00	文件夹	
simulink	2020/4/2 3:55	文件夹	
rtw	2020/4/2 3:54	文件夹	
extern	2020/4/2 3:48	文件夹	
java	2020/4/2 3:46	文件夹	
etc	2020/4/2 3:45	文件夹	
interprocess	2020/4/2 3:44	文件夹	
lib	2020/4/2 3:42	文件夹	

图 3-30 按修改日期递减排序的文件(夹)

3. 选定文件或文件夹

（1）选定单个文件或文件夹

单击要选定的文件或文件夹图标即可。

（2）选定多个连续的文件或文件夹

先选定第一个文件或文件夹,按住【Shift】键,再单击最后一个要选定的文件或文件夹图标;也可以按住鼠标左键从空白处开始拖动,划过所有要选定的文件或文件夹,如图 3-31 所示。

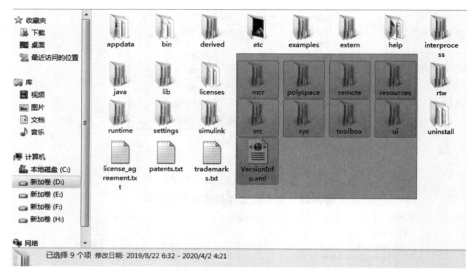

图 3-31　拖动鼠标选定多个文件或文件夹

（3）选定多个不连续的文件或文件夹

先选定其中一个文件或文件夹，按住【Ctrl】键，再逐个单击要选定的文件或文件夹图标。

（4）选定全部文件或文件夹

单击窗口左上方的"查看"按钮，单击"全选"命令，或按【Ctrl】+【A】组合键。

4. 搜索文件或文件夹

打开"计算机"窗口，在右上角的搜索框中输入要搜索的关键词，即可搜索计算机中文件名包含该关键词的文件或文件夹。如图 3-32 所示是以".txt"为关键词搜索得到的结果。如果要把搜索范围限定在某个文件夹或驱动器，则需先打开此文件夹或驱动器再进行搜索。

图 3-32　搜索名称包含".txt"的文件或文件夹

单击下方出现的"添加搜索筛选器"命令,可以通过限定文件或文件夹的修改日期、大小来缩小搜索范围,图 3-33 是将修改日期限定在 2021 年 1 月的搜索结果。

图 3-33　限定修改日期搜索文件或文件夹

5. 移动、复制文件或文件夹

（1）移动文件或文件夹

在 Windows 7 中可以用以下方式移动文件或文件夹：

右击要移动的文件或文件夹,选择快捷菜单中的"剪切"命令。打开要移动到的位置,右击窗口空白处,再选择快捷菜单中的"粘贴"命令,即可将文件或文件夹移到该位置。图 3-34、图 3-35、图 3-36 所示分别是将"新建文本文档.txt"由 D 盘根目录移到 D 盘下的新建文件夹的过程和结果。

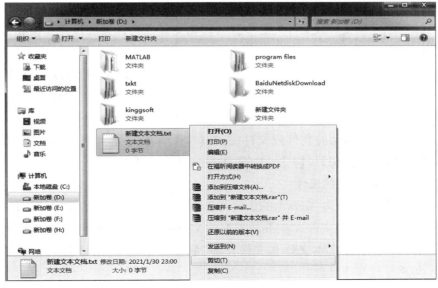

图 3-34　从原位置剪切文件或文件夹

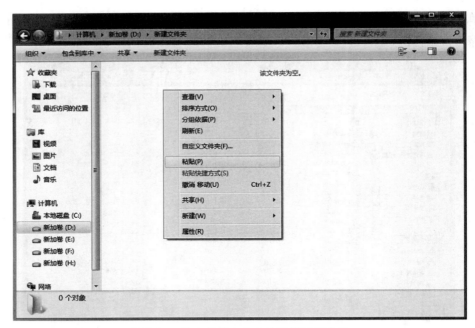

图 3-35　将文件或文件夹粘贴到目标位置

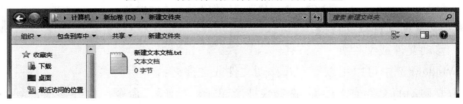

图 3-36　移动文件或文件夹后的原位置和目标位置

也可以先选中要移动的文件或文件夹,按【Ctrl】+【X】组合键剪切文件或文件夹。打开要移到的位置,按【Ctrl】+【V】组合键,粘贴文件或文件夹。

(2)复制文件或文件夹

Windows 7 中复制文件或文件夹的步骤与移动文件或文件夹的步骤非常相似,可以用以下两种方法。

方法一:右击要移动的文件或文件夹,选择快捷菜单中的"复制"命令。打开要移到的位置,右击窗口空白处,再选择快捷菜单中的"粘贴"命令,即可将文件或文件夹移动到该位置。

方法二:先选中要移动的文件或文件夹,按【Ctrl】+【C】组合键,剪切文件或文件夹。打开要移到的位置,按【Ctrl】+【V】组合键,粘贴文件或文件夹。

6. 设置文件或文件夹的属性

右键单击文件或文件夹,在弹出的快捷菜单中选择"属性"命令,弹出该文件或文件夹的"属性"对话框。文件或文件夹及不同类型的文件的属性对话框展示的信息有所不同。图 3-37 和图 3-38 分别是文本文件和文件夹的"属性"对话框。可以看到它们都包含"常规""安全"等多个选项卡。

图 3-37　文本文档的"属性"对话框

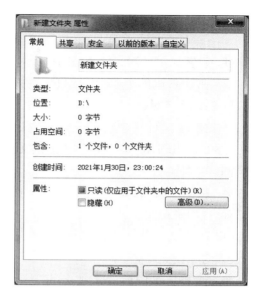

图 3-38　文件夹的"属性"对话框

勾选文件或文件夹"属性"对话框中的"只读"复选框，再依次单击"应用"和"确定"按钮，可将其设置为只读，即只能被浏览，不可被编辑或删除。

勾选文件或文件夹"属性"对话框中的"隐藏"复选框，再依次单击"应用"和"确定"按钮，可将文件或文件夹隐藏，即不显示。

单击窗口左上角的"组织"按钮，再单击"文件夹和搜索选项"菜单项，在弹出的"文件头选项"对话框中单击"查看"选项卡，选中"显示隐藏的文件、文件夹和驱动器"单选按钮（图 3-39），再依次单击"应用"和"确定"按钮，可以显示计算机中设置为隐藏状态的文件或文件夹。

在"文件夹选项"对话框中还可以设置是否显示文件的扩展名，如图 3-40 所示。

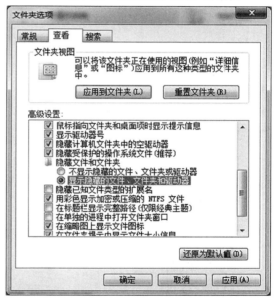

图 3-39　设置显示隐藏的文件或文件夹

3.2.3 小结练习

1. 设置显示已知文件类型的扩展名。

2. 在计算机的 D 盘中，创建名称分别为 F1、F2 的两个文件夹。

3. 在 F1 文件夹中新建一个文本文档和一个文件夹，并分别将其重命名为"测试文档.txt"和"测试文件夹"。

4. 将测试文档.txt 移动到测试文件夹，并将其设置为隐藏文件。

5. 将测试文件夹复制到 F2 文件夹，并将其设置为只读文件夹。

6. 搜索 D 盘中所有扩展名为".txt"的文件，令搜索结果以"大图标"的形式显示。

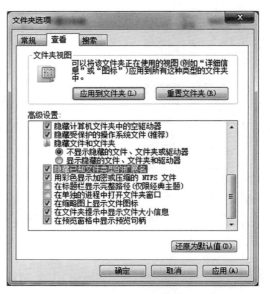

图 3-40 设置不显示文件的扩展名

3.3 Windows 7 的系统管理

 学习目标

- 掌握桌面个性化属性的设置方法。
- 掌握用户帐户的设置和管理方法。
- 掌握系统输入法的设置方法。

3.3.1 设置桌面个性化属性

1. 更换桌面背景图片

在桌面空白处单击鼠标右键，在弹出的快捷菜单中选择"个性化"命令，弹出如图 3-41 所示的"个性化"窗口。

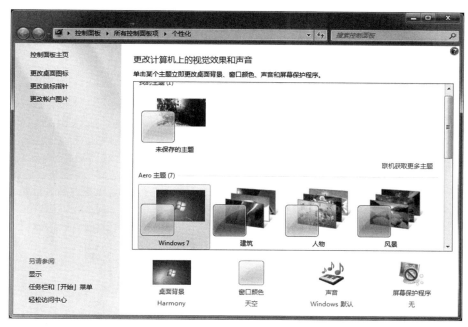

图 3-41 "个性化"窗口

单击下方的"桌面背景"按钮,在新窗口中将当前的背景图片取消选定,再选定喜欢的图片,单击右下角的"保存修改"按钮,即可将该图片设置为桌面背景。如果选择了多张图片(可以包括当前的背景图片),桌面背景会每隔特定时间在所选图片间切换,切换的时间间隔也可以在"桌面背景"窗口中设置,如图 3-42 所示。

图 3-42 设置桌面背景

除了选择系统自带的桌面背景图片外,也可以将其他图片设为桌面背景:单击"桌面背景"窗口上部的"浏览"按钮,弹出"浏览文件夹"对话框,如图 3-43 所示,找到并选定要设为桌面背景的图片所在的文件夹,单击"确定"按钮,在打开的窗口选中所要设为桌面背景的图片,单击"保存修改"按钮,如图 3-44 所示。

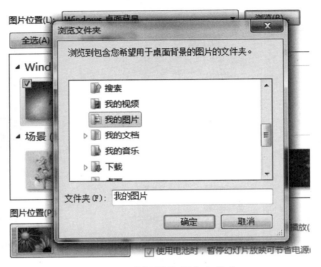

图 3-43　选择图片所在文件夹

图 3-44　设置桌面背景

2. 调整屏幕分辨率

单击"个性化"窗口下方的"显示"按钮,再单击"显示"窗口左上方的"调整分辨率"按钮,打开"屏幕分辨率"窗口。也可以直接右击系统桌面空白处,选择快捷菜单中的"屏幕分辨率"命令。

打开"分辨率"下拉菜单,拖动滑块调整分辨率(图 3-45),再单击"应用"按钮,在弹出的对话框中单击"保留更改"按钮,即完成对屏幕分辨率的调整。

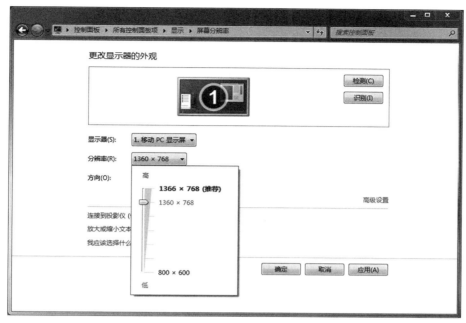

图 3-45　调整屏幕分辨率

屏幕分辨率越高,显示的内容越多,图标越小。一般系统默认分辨率就是显示效果最佳的分辨率。

3.3.2　用户帐户的设置和管理

1. 为当前帐户设置密码

打开"控制面板"窗口,单击"用户帐户和家庭安全"按钮,再单击"用户帐户"按钮,打开"用户帐户"窗口,如图 3-46 所示。在"用户帐户"窗口中可以更改当前帐户的图片,创建、更改和删除当前帐户的密码。

图 3-46　"用户帐户"窗口

单击"为您的帐户创建密码"按钮,在图 3-47 所示窗口中的"新密码"和"确认新密码"输入框中分别输入相同的密码,单击"创建密码"按钮,即可完成密码设置。再次登录该帐户时需输入刚才设置的密码。

图 3-47　为用户帐户创建密码

2. 在系统中添加用户

Windows 7 是一个多用户操作系统,不同的用户帐户可以令使用同一台计算机的多个人不会互相干扰,每个人都可以按照自己的需要来设置计算机的属性。通过以下步骤可以创建一个新用户。

① 打开"用户帐户"窗口,单击"管理其他帐户"按钮,即可打开"管理帐户"窗口,如图 3-48 所示。

图 3-48　"管理帐户"窗口

② 单击"创建一个新帐户"按钮,打开如图 3-49 所示的"创建新帐户"窗口,选定"标准

用户"单选按钮,在输入框中输入"新用户1",单击"创建帐户"按钮,便创建了一个用户名为"新用户1"的新帐户。

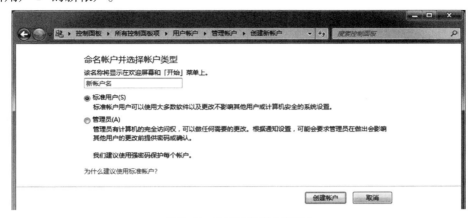

图 3-49 "创建新帐户"窗口

③ 在"管理帐户"窗口中单击该帐户图片,打开"更改帐户"窗口,可以对该帐户的名称、图片等属性进行更改,以及为该帐户创建密码,如图 3-50 所示。

图 3-50 对"新用户1"帐户进行设置和更改

3.3.3 系统输入法的设置

1. 安装输入法

Windows 7 系统自带有中英文输入法。除此之外,用户也可以根据需要安装新的输入法。现以搜狗拼音输入法为例说明输入法的安装过程。

① 从搜狗拼音输入法官网下载或从他处拷贝 Windows 版的输入法安装程序。

② 双击打开安装程序,按照提示一步步安装完成即可(图 3-51)。

图 3-51　安装搜狗拼音输入法

2. 在系统中添加和删除输入法

安装输入法后,还需对已安装的输入法进行合理的设置,才能高效地切换输入法和进行输入。

打开"控制面板"窗口,单击"时钟、语言和区域"按钮,再单击"区域和语言"按钮,打开"区域和语言"窗口,单击"键盘和语言"选项卡,如图 3-52 所示。单击"更改键盘"按钮,打开如图 3-53 所示的"文本服务和输入语言"对话框。

图 3-52　"键盘和语言"选项卡

图 3-53　"文本服务和输入语言"对话框

选中"简体中文全拼"输入法,单击"删除"按钮,再依次单击"应用"按钮和"确定"按钮,即可将该输入法移除。现在中文、英文分别只有一种输入法在服务列表中,可以通过【Ctrl】+【Shift】组合键进行切换。

打开"文本服务和输入语言"对话框,选中"中文(简体,中国)"下方的"键盘",单击"添加"按钮,弹出"添加输入语言"对话框,拖动滚动条找到"简体中文全拼"输入法并选定(图3-54),单击"确定"按钮,再依次单击"文本服务和输入语言"对话框中的"应用"按钮和"确定"按钮,即可完成该输入法的添加。现在中文有两种输入法在服务列表中,可以通过【Ctrl】+【Shift】组合键进行切换,将语言切换为中文,再单击输入法图标进行选择,如图3-55所示。

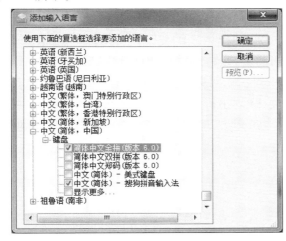

图3-54 添加输入法

图3-55 选择中文输入法

3.3.4 小结练习

1. 选择一张 Windows 7 自带的示例图片,将其设置为桌面背景。

2. 将屏幕分辨率调整为 1 360×768 像素。

3. 添加"简体中文双拼"输入法,用该输入法在记事本中输入一行中文后,再将该输入法删除。

4. 创建一个名为"NewAccount"的标准用户帐户,更改该用户帐户图片,并设置帐户密码为"new_123321"。

第 4 章 计算机网络技术

计算机网络诞生于 20 世纪 60 年代,是继电信网络、有线电视网络之后出现的第三个世界级大型网络。Internet 是一个全球性的网络,它将全世界的计算机联系在一起。通过这个网络,用户可以用文字、语音、视频等形式交流,可以查看新闻、查阅资料、下载文件,可以在线购物、在线观影、玩游戏,也可以查阅、规划出行路线。计算机网络为人们提供了新的资源共享与数据资源传输平台,提供了全新的生活方式。本章将介绍计算机网络的基础知识、Internet 的基础知识及 Internet 的应用等。

思维导图

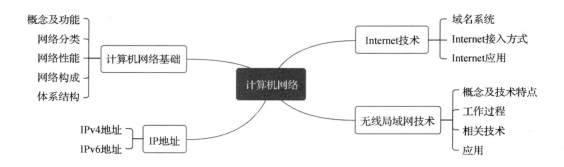

4.1 计算机网络概述

 学习目标

- 掌握计算机网络的概念与功能。
- 了解计算机网络的分类。
- 了解计算机网络的性能。

- 了解常见的传输介质。
- 了解常见的联网设备。

计算机网络是信息收集、分配、存储、处理、消费的最重要的载体,是网络经济的核心,深刻地影响着经济、社会、文化、科技等领域,是现代工作和生活的最重要的工具之一。

4.1.1　计算机网络的概念及功能

1. 计算机网络的概念

计算机网络是指将地理位置不同的具有独立功能的多台计算机及其外部设备,通过通信线路连接起来,在网络操作系统、网络管理软件及网络通信协议的管理和协调下,实现资源共享和信息传递的计算机系统。

2. 计算机网络的功能

计算机网络的功能可归纳为数据通信、资源共享、集中管理、实现分布式处理、负载均衡等方面。

（1）数据通信

数据通信是计算机网络的最主要的功能之一。数据通信是依照一定的通信协议,利用数据传输技术在两个终端之间传递数据信息的一种通信方式和通信业务。它可实现计算机和计算机、计算机和终端以及终端与终端之间的数据信息传递,是继电报、电话业务之后的第三种最大的通信业务。数据通信中传递的信息均以二进制数据形式来表现,数据通信的另一个特点是总与远程信息处理相联系,包括科学计算、过程控制、信息检索等内容的广义的信息处理。

（2）资源共享

资源共享是人们建立计算机网络的主要目的之一。计算机资源包括硬件资源、软件资源和数据资源。硬件资源的共享可以提高设备的利用率,避免设备的重复投资,如利用计算机网络建立网络打印机;软件资源和数据资源的共享可以充分利用已有的信息资源,减少软件开发过程中的劳动,避免大型数据库的重复建设。

（3）集中管理

计算机网络技术的发展和应用,已使得现代的办公手段、经营管理等发生了变化。目前,已经有了许多管理信息系统、办公自动化系统等,通过这些系统可以实现日常工作的集中管理,提高工作效率,增加经济效益。

（4）实现分布式处理

网络技术的发展,使得分布式计算成为可能。对于大型的课题,可以分为许许多多小题目,由不同的计算机分别完成,然后再集中起来,解决问题。

（5）负载均衡

负载均衡是指工作被均匀地分配给网络上的各台计算机系统。网络控制中心负责分配和检测,当某台计算机负载过重时,系统会自动转移负载到较轻的计算机系统去处理。

由此可见,计算机网络可以大大扩展计算机系统的功能,扩大其应用范围,提高可靠性,为用户提供方便,同时也减少了费用,提高了性能价格比。

4.1.2 计算机网络的分类

计算机网络类型的划分标准各种各样,从地理范围划分,它可以把网络划分为局域网、城域网、广域网三种,这是一种大家都认可的通用网络划分标准。下面简要介绍这三种计算机网络。

1. 局域网

局域网(Local Area Network,LAN)是覆盖局部地区的网络,所覆盖的地理范围一般在几百米以内,如图4-1所示。局域网一般应用在一个房间、一栋建筑物或校园中,是应用最广泛,也是最常见的计算机网络。局域网对其中连接的设备数量没有过多要求,少则两台,多则上千台,皆可组建局域网。

局域网覆盖的地理范围比较局限,但正因为这一特性,局域网的传输速率相当高,使用费用也较低。除高传输速率外,局域网还具有通信时延短、易扩缩、易管理、安全可靠等多种特性。

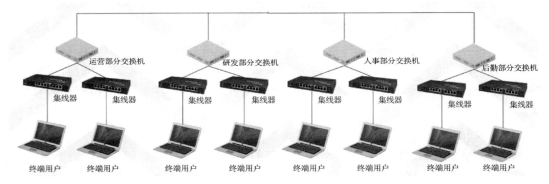

图 4-1 某公司局域网图示

2. 城域网

城域网(Metropolitan Area Network,MAN)覆盖的地理范围一般在几千米到几十千米,通常用于城市之中。城域网属于宽带局域网,可认为它是局域网的延伸。一个城域网通常包含多个互联的局域网。与局域网相比,城域网覆盖的范围更广,可连接的设备数量更多。

3. 广域网

广域网(Wide Area Network,WAN)也称远程网,其覆盖的范围为 100~1 000 km,一般包含多个不同城市中的局域网或城域网,如图4-2所示。广域网的数据传输速率比局域网高,但广域网信息传输的延迟比局域网大得多,其延迟可从几毫秒到几百毫秒。此外,广域网连接的设备较多,但总的带宽有限,所以终端用户的数量一般较低。

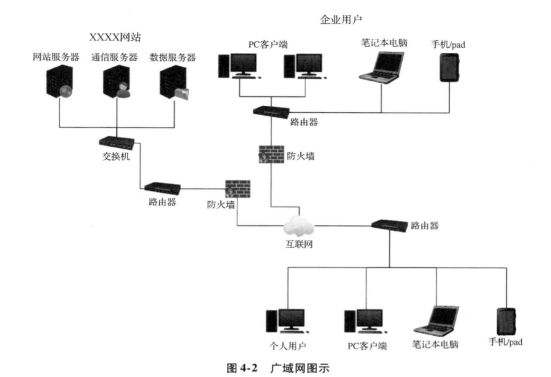

图 4-2 广域网图示

4.1.3 计算机网络的性能

计算机网络的性能指标如下。

1. 速率

网络技术中的速率指的是每秒传输的比特数量,称为数据率或者比特率。速率的单位为 b/s(比特每秒)或 bit/s,当速率较高时,可以用 Kb/s、Mb/s、Gb/s 等来表示。如 5G 网络,其峰值理论传输速度可达 20 Gb/s,合 2.5 GB/s。

2. 带宽

在计算机网络中,带宽指网络的通信线路传送数据的能力,带宽的单位为 bit/s。网络和高速公路类似,带宽越大,就类似高速公路的车道越多,其通行能力越强。网络带宽是衡量网络特征的一个重要指标。

3. 吞吐量

吞吐量表示单位时间内通过某个网络(通信线路、接口)的实际的数据量。吞吐量受制于带宽或者网络的额定速率。例如:对于一个 1 Gb/s 的局域网,意味着其额定速率为 1 Gb/s,那么这个数值也是该以太网的吞吐量的绝对上限值。

4. 时延

时延(delay 或 latency)是指数据从网络的一端传送到另一端所需的时间。有时也被称为延迟或迟延。

5. 往返时间

在计算机网络中，往返时间PTT也是一个重要的性能指标，它表示从发送端发送数据开始，到发送端收到来自接收端的确认，总共经历的时间。

往返时间与带宽的积，可以用来计算当发送端连续发送数据时，接收端如发现有错误，应立即向发送端发送通知请求使发送端停止，发送端这段时间发送的比特量。

6. 利用率

利用率是指网络有百分之几的时间是被利用的，若没有数据通过，网络的利用率为0。

网络利用率越高，数据分组在路由器和交换机处理时就需要排队等待，因此时延也就越大。

4.1.4　计算机网络传输介质

网络传输介质是网络中发送方与接收方之间的物理通路，是网络中信息传输的载体。常用的传输介质分为有线传输介质和无线传输介质两大类。

1. 有线传输介质

有线传输介质是指在两个通信设备之间实现的物理连接部分，它能将信号从一方传输到另一方，有线传输介质主要有双绞线、同轴电缆和光纤。

（1）双绞线

双绞线（Twisted Pair）简称TP，一般由四组线构成，每组由两根绝缘铜导线相互扭绕而成，这是为了降低信号的干扰程度。

双绞线分为非屏蔽双绞线（UTP）和屏蔽双绞线（STP），如图4-3、图4-4所示，适合于短距离通信。非屏蔽双绞线价格便宜，传输速度偏低，抗干扰能力较差。屏蔽双绞线抗干扰能力较好，具有更高的传输速度，但价格相对较贵。

双绞线一般用于星型网的布线连接，两端安装有RJ-45头（水晶头），如图4-5所示，连接网卡与集线器，最大网线长度为100 m，如果要加大网络的范围，在两段双绞线之间可安装中继器，最多可安装4个中继器，如安装4个中继器连5个网段，最大传输范围可达500 m。

图4-3　非屏蔽双绞线

图4-4　屏蔽双绞线

图4-5　RJ-45水晶头

（2）同轴电缆

同轴电缆由一根空心的外圆柱导体和一根位于中心轴线的内导线组成，内导线和圆柱导体及外界之间用绝缘材料隔开。它具有抗干扰能力强、连接简单等特点，信息传输速度可达每秒几百兆位，是中、高档局域网的首选传输介质，如图4-6所示。

同轴电缆按直径的不同,可分为粗缆和细缆两种。粗缆传输距离长,性能好但成本高、网络安装、维护困难,一般用于大型局域网的干线,连接时两端需终接器。细缆安装较容易,造价较低,但日常维护不方便。同轴电缆需用带 BNC 头的 T 型连接器连接,如图 4-7 所示。

图 4-6　同轴电缆　　　　　图 4-7　BNC 接头连接同轴电缆

（3）光纤

光纤又称为光缆或光导纤维（Optical Fiber）,是由一组光导纤维组成的用来传播光束的、细小而柔韧的传输介质,由光导纤维纤芯、玻璃网层和能吸收光线的外壳组成。如图 4-8 所示。与其他传输介质比较,光纤的电磁绝缘性能好、信号衰减小、频带宽、传输速度快、传输距离大。其主要用于要求传输距离较长、布线条件特殊的主干网连接。具有不受外界电磁场的影响、无限制的带宽等特点,可以实现每秒万兆位的数据传送。

光纤分为单模光纤和多模光纤。单模光纤（图 4-9）由激光作光源,仅有一条光通路,传输距离为 20～120 km。多模光纤由二极管发光,用于低速短距离传输,传输距离为 2 km 以内。

光纤需用专用的连接头连接,如图 4-10 所示。

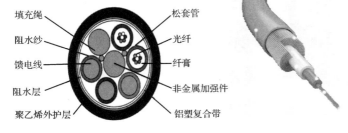 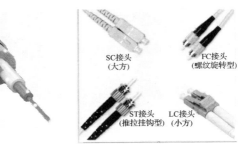

图 4-8　光缆端面示意图　　　图 4-9　单模光纤　　　图 4-10　光纤连接头

2. 无线传输介质

无线传输利用可以在空气中传播的微波、红外线等无线介质进行传输,无线局域网就是由无线传输介质组成的局域网。无线传输可以突破有线网的限制,利用空间电磁波实现站点之间的通信,可以为广大用户提供移动通信。最常用的无线传输介质有无线电波、微波、红外线。

（1）无线电波

无线电波是指在自由空间（包括空气和真空）传播的射频频段的电磁波。无线电技术是通过无线电波传播声音或其他信号的技术。

（2）微波

微波是指频率为 300 MHz~300 GHz 的电磁波,可以分为地面微波通信与卫星通信两个方面。

(3) 红外线

红外线是指频率介于微波与可见光之间的电磁波。红外线传输速度可达 100 Mbit/s,最大有效传输距离达到 1 000 m。红外线抗干扰性强、保密性好,因此,在不能架设有线线路,而使用无线电又怕暴露的情况下,使用红外线通信是比较好的。

(4) 蓝牙

蓝牙是一种支持设备短距离通信(一般 10 m 内)的无线电技术,能在包括移动电话、PDA、无线耳机、笔记本电脑、相关外设等众多设备之间进行无线信息交换。由于能在设备间实现方便快捷、灵活安全、低成本、低功耗的数据通信和语音通信,因此它是实现无线局域网通信的主流技术之一。

4.1.5　计算机网络连接设备

网络连接设备是把网络中的通信线路连接起来的各种设备的总称,主要有以下几种。

1. 中继器

中继器是一种放大模拟信号或数字信号的网络连接设备,如图 4-11 所示。它接收传输介质中的信号,将其复制、调整和放大后再发送出去,从而使信号能传输得更远,延长信号传输的距离。中继器不具备检查和纠正错误信号的功能,它只是转发信号。

图 4-11　中继器

图 4-12　集线器

2. 集线器

集线器是构成局域网的最常用的连接设备之一。集线器是局域网的中央设备,它的每一个端口可以连接一台计算机,局域网中的计算机通过它来交换信息。常用的集线器可通过两端装有 RJ-45 连接器的双绞线与计算机上安装的网卡相连,每个时刻只有两台计算机可以通信,如图 4-12 所示。

利用集线器连接的局域网叫共享式局域网。集线器实际上是一个拥有多个网络接口的中继器,不具备信号的定向传送能力。

3. 交换机

交换机是指在网络中用于完成与它相连的线路之间的数据单元的交换,是一种基于

MAC(网卡的硬件地址)识别,完成封装、转发数据包功能的网络设备,如图 4-13 所示。在局域网中可以用交换机来代替集线器,其数据交换速度比集线器快得多。这是由于集线器不知道目标地址在何处,只能将数据发送到所有的端口。而交换机中会有一张地址表,通过查找表格中的目标地址,把数据直接发送到指定端口。

交换机根据工作位置的不同,可以分为广域网交换机和局域网交换机。广域的交换机就是一种在通信系统中完成信息交换功能的设备,它应用在数据链路层。交换机有多个端口,每个端口都具有桥接功能,可以连接一个局域网或一台高性能服务器或工作站。实际上,交换机有时被称为多端口网桥。

图 4-13　交换机

4. 路由器

路由器是一种连接多个网络或网段的网络设备,它能将不同网络或网段之间的数据信息进行"翻译",以使它们能够相互"读"懂对方的数据,实现不同网络或网段间的互联互通,从而构成一个更大的网络,如图 4-14 所示。路由器已成为各种骨干网络内部之间、骨干网之间,一级骨干网和因特网之间连接的枢纽。校园网一般就是通过路由器连接到因特网上的。

路由器的工作方式与交换机不同,交换机利用物理地址(MAC 地址)来确定转发数据的目的地址,而路由器则是利用网络地址(IP 地址)来确定转发数据的地址。另外,路由器具有数据处理、防火墙及网络管理等功能。

图 4-14　路由器

4.2　Internet 与 Internet 接入

学习目标

- 了解 Internet 的概念。
- 了解接入 Internet 的方式。
- 掌握 Internet 网络应用。

计算机网络和 Internet 并不能画等号，Internet 是使用最为广泛的一种网络，也是现在世界上最大的一种网络，在该网络上可以实现很多特有的功能。

4.2.1 Internet 概述

1. Internet 概念

Internet 通常又被称为"因特网"，前身是美国国防部高级研究计划局（ARPA）主持研制的 ARPAnet。Internet 是由成千上万个不同类型、不同规模的通过互连在一起组成覆盖世界范围的、开放的全球性网络。

Internet 是世界范围的信息和服务资源宝库。Internet 能为每一个入网的用户提供有价值的信息和其他相关的服务。通过 Internet，用户不仅可以互通信息、交流思想，还可以实现全球范围的电子邮件服务、WWW 信息查询和浏览、文件传输服务、语音和视频通信服务等功能。目前，Internet 已成为覆盖全球的信息基础设施之一。

2. Internet 接入

从信息资源的角度，互联网是一个集各部门、各领域的信息资源为一体的，供网络用户共享的信息资源网。家庭用户或单位用户要接入互联网，可通过某种通信线路连接到互联网服务提供商（Internet Service Provide，简称 ISP），由 ISP 提供互联网的入网连接和信息服务。

互联网接入是通过特定的信息采集与共享的传输通道，利用以下传输技术完成用户与 IP 广域网的高带宽、高速度的物理连接。

（1）ADSL 接入

ADSL（Asymmetric Digital Subscriber Line），非对称数字用户线路，可直接利用现有的电话线路，通过 ADSL Modem 后进行数字信息传输。理论上可达到 8 Mb/s 的下行速率和 1 Mb/s 的上行速率，传输距离可达 4～5 km。ADSL2＋可达 24 Mb/s 的下行速率和 1 Mb/s 的上行速率。另外，最新的 VDSL2 技术可以达到上、下行各 100 Mb/s 的速率。

ADSL 接入的特点是速率稳定、带宽独享、语音数据不干扰等，适用于家庭、个人等用户的大多数网络应用需求，满足一些宽带业务，包括 IPTV、视频点播（VOD）、远程教学、可视电话、多媒体检索、LAN 互联、Internet 接入等，ADSL 接入如图 4-15 所示。

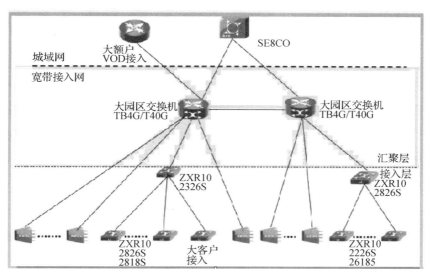

图 4-15　ADSL 接入图

（2）HFC 接入

HFC 混合光纤同轴电缆（Hybrid Fiber Coaxial，HFC）是一种结合光纤与同轴电缆的宽带接入网，允许用户通过有线电视网实现高速接入互联网。其适用于拥有有线电视网的家庭、个人或中小团体。

HFC 的优点是速率较高，接入方式方便（通过有线电缆传输数据，不需要布线），可实现各类视频服务、高速下载等；缺点在于基于有线电视网络的架构是属于网络资源分享型的，当用户激增时，速率就会下降且不稳定，扩展性不够。

（3）光纤宽带接入

光纤宽带接入技术实际上就是在接入网中全部或部分采用光纤传输介质，构成光纤用户环路（Fiber In The Loop，FITL），实现用户高性能宽带接入的一种方案。光纤接入网（Optical Access Network，OAN）是指在接入网中用光纤作为主要传输媒介来实现信息传输的网络形式，它不是传统意义上的光纤传输系统，而是针对接入网环境专门设计的光纤传输网络。

光纤接入网的基本结构包括用户、交换机、光纤、电/光交换模块（E/O）和光/电交换模块（O/E）。

根据光网络单元（Optical Network Unit，ONU）所在位置，光纤接入网的接入方式分为光纤到路边（Fiber To The Curb，FTTC）、光纤到大楼（Fiber To The Building，FTTB）、光纤到办公室（Fiber To The Office，FTTO）、光纤到楼层（Fiber To The Floor，FTTF）、光纤到小区（Fiber To The Zone，FTTZ）、光纤到户（Fiber To The Home，FTTH）。

通过光纤接入到小区节点或楼道，再由网线连接到各个共享点上，提供一定区域的高速互联接入。其优点是速率高，抗干扰能力强，适用于家庭、个人或各类企事业团体，可以实现各类高速率的互联网应用（视频服务、高速数据传输、远程交互等），缺点是一次性布线成本较高。光纤接入如图 4-16 所示。

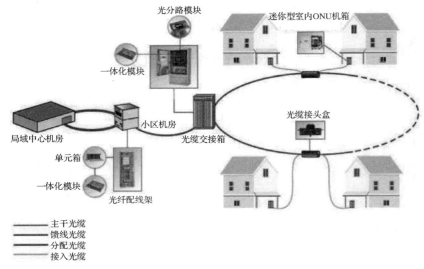

图 4-16　某小区光纤接入图

（4）无线接入

无线接入技术是指从业务节点到用户终端之间的全部或部分传输设施采用无线手段,向用户提供固定和移动接入服务的技术。采用无线通信技术将各用户终端接入到核心网的系统,或者在市话端局或远端交换模块以下的用户网络部分采用无线通信技术的系统都称为无线接入系统。由无线接入系统所构成的用户接入网称为无线接入网,如图4-17所示。

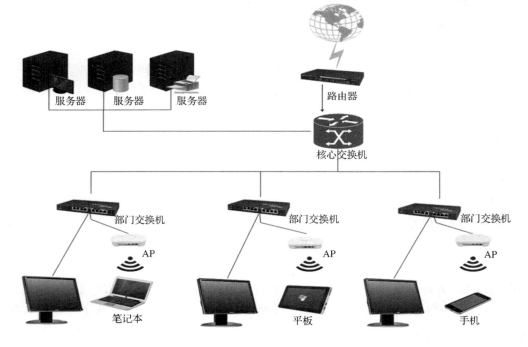

图 4-17　某企业无线接入图

无线接入分为固定无线接入和移动无线接入。固定无线接入是指从业务节点到固定用户终端采用无线接入方式,用户终端不能移动或仅能有限移动。移动无线接入是指用户终端移动时的接入,包括蜂窝移动通信网(4G、5G等)、无线寻呼网、无绳电话网、集群电话网、卫星全球移动通信网以及个人通信网等,是当前接入研究和应用中很活跃的一个领域。

4.2.2 Internet 应用

信息化是当今社会发展的潮流,随着通信技术和计算机技术的发展,计算机网络逐渐被应用于军事、政治、科研、教育、经济及日常生活等方方面面,计算机网络的应用也越来越普及。本节将展示在日常生活中如何使用 Internet。

1. 浏览器的使用

Internet 是世界上最大的互联网,而浏览器是连接互联网的基础应用之一。国内常用的浏览器有 Internet Explorer(IE 浏览器)、Google Chrome(谷歌浏览器)、safari、Firefox(火狐浏览器)。

浏览器是指可以显示网页服务或文件系统的 html 文件内容,并提供用户与这些文件交互的一种软件,若要从庞大的 Internet 信息库中获取到想要的信息,还需要使用搜索引擎。

搜索引擎是指根据一定的策略,运用特定的计算机程序从互联网上搜集信息,在对信息进行组织和处理后,为用户提供检索服务,将用户检索的相关信息展示给用户的系统。在浏览器顶部的地址栏中输入搜索引擎的地址,便可进入其主页。国内常用的搜索引擎有百度、360、必应等。

除了在浏览器中通过搜索引擎搜索外,用户亦可以通过输入网址直接访问一些门户网站,如输入"www.sohu.com",访问搜狐首页,输入"www.tsinghua.edu.cn"访问清华大学首页等。进入门户网站后,用户可通过单击网络中的超链接获取信息或使用网站提供的功能。

2. 电子邮箱的使用

电子邮箱是计算机网络在日常生活中的应用之一,一般用于实现网络间电子数据(如信件、单据、资料等)的传递与交换,当前的邮箱功能丰富,支持传送文本、图片、音频、视频等多种多样的数据,且容量较大,支持附件功能,传输速度也非常快。

在发送电子邮件之前,需先拥有一个邮箱。邮箱是用户身份的标识,目前中国最大的电子邮件服务商是网易,该服务商提供的三种免费邮箱分别为 163 邮箱、126 邮箱及 yeah 邮箱。

邮箱的格式一般为"用户名@邮件服务商地址",其中用户名是用户在使用邮件服务时的唯一标识,一般可由字母、数字、下划线或由 11 位手机号码组成。邮件服务商地址用于识别服务商,网易邮件服务商提供的三种免费邮箱的地址依次为 163.com、126.com 及 yeah.net,它们的图标如图 4-18 所示。

图 4-18 网易邮箱

下面以 yeah 邮箱为例,演示电子邮箱的使用方法。

(1) 注册邮箱

若用户已有邮箱,可跳过此步;若没有邮箱,可到 http://reg.email.163.com 网站注册邮箱,邮箱注册页面如图 4-19 所示。

(2) 登录邮箱

用户可在浏览器中输入网址 mail.yeah.net,进入 yeah 邮箱的登录界面,并以邮箱帐号登录。输入帐号和密码,单击登录按钮登录邮箱。登录成功后进入邮箱主页面,如图 4-20 所示。

图 4-19 yeah 邮箱注册页面

图 4-20 yeah 邮箱主界面

(3) 发送邮件

单击图 4-21 所示界面中的 写信 按钮,将会跳转到写信界面,如图 4-21 所示。

图 4-21 写信界面

在写信界面的"收件人"一栏中输入收件人地址,在"主题"栏中输入主题,单击工具栏下方的空白区域,编辑邮件正文。在工具栏中,用户可对正文文本格式进行设置,也可以插入图片、添加表情、插入日期、使用语音输入等功能。邮箱支持附件功能,用户可单击 链接,打开"选择要加载的文件"窗口,添加附件。

附件大小上限为 3 GB,用户可选择大小不超过 3 GB 的文件作为附件,与正文一起发送。邮件编辑完成后,单击如图 4-21 所示界面左上角的 按钮发送信件。

(4)接收邮件

单击如图 4-20 所示界面左侧的收件箱选项 ,可查看收到的邮件列表,如图 4-22 所示。单击邮件列表中的邮件,可查看一些邮件的详细内容。除以上功能外,163 邮箱还有查看已发送的邮件、管理邮件等功能。

图 4-22　查看收件箱中的邮件

3. 万维网(WWW)

万维网(World Wide Web,WWW)又称 Web,是由分布在 Internet 中的成千上万个超文本文档链接成的网络信息系统。这种系统采用统一的资源定位器和精彩鲜艳的声音、图文用户界面,可以方便地浏览网上的信息和利用各种网络服务。WWW 服务采用客户机/服务器(Client/Server)模式,以超文本标记语言(HTML)和超文本传输协议(HTTP)为基础,为用户提供界面一致的信息浏览系统。

网页又称"Web 页",它是浏览 WWW 资源的基本单位。每个网页对应磁盘上一个单一的文件,其中可以包括文字、表格、图像、声音、视频等。

WWW 服务的原理是:用户在客户机通过浏览器向 Web 服务器发出请求,Web 服务器根据客户机的请求内容将保存在服务器中的某个页面发回给客户机,浏览器接收到页面后对其进行解释,最终将图文并茂的画面呈现给用户。

统一资源定位符(Uniform Resource Locator,URL)是对可以从因特网上得到资源的位置和访问方法的一种简洁的表示。URL 给资源的位置提供一种抽象的识别方法,并用这种方法给资源定位。只要能够给资源定位,系统就可以对资源进行各种操作,如存取、更新、替换和查找等。

URL 相当于一个文件名在网络范围的扩展。因此,URL 可看作是与因特网相连的机器上的任何可访问对象的一个指针。由于不同对象的访问方式不同,所以 URL 还指出读取某个对象时所使用的访问方式。URL 的一般形式如下:

＜URL 的访问方式＞://＜主机域名＞:＜端口＞/＜路径＞

对于万维网网站的访问要使用 HTTP 协议。HTTP 的 URL 的一般形式如下:

http://＜主机域名＞:＜端口＞/＜路径＞

http 的默认端口号是 80,通常可以省略。若再省略文件的＜路径＞项,则 URL 就指到因特网上的某个主页。

4. 文件传输协议(FTP)

文件传输协议(File Transfer Protocol,FTP)是 Internet 上文件传输的基础,通常所说的 FTP 是基于该协议的一种服务。FTP 文件传输服务允许 Internet 上的用户将一台计算机上的文件传输到另一台计算机上,几乎所有类型的文件,包括文本文件、二进制可执行文件、声音文件、图像文件、数据压缩文件等,都可以用 FTP 传送。

FTP 实际上是一套文件传输服务软件,它以文件传输为界面,使用简单的 get 或 put 命令进行文件的下载或上传,如同在 Internet 上执行文件的复制命令一样。

5. 远程登录(Telnet)

Telnet 是 Internet 远程登录服务的一个协议,该协议定义了远程登录用户与服务器交互的方式。Telnet 允许用户在一台联网的计算机上登录到一个远程分时系统中,然后像使用自己的计算机一样使用该远程系统。

要使用远程登录服务,必须在本地计算机上启动一个客户应用程序,指定远程计算机的名字,并通过 Internet 与之建立连接。一旦连接成功,本地计算机就像通常的终端一样,直接访问远程计算机系统的资源。远程登录软件允许用户直接与远程计算机交互,通过键盘或鼠标操作,客户应用程序将有关的信息发送给远程计算机,再由服务器将输出结果返回给用户。用户退出远程登录后,用户的键盘、显示控制权又回到本地计算机。

4.2.3 小结练习

1. 浏览器的使用:

(1)打开 IE 浏览器,在地址栏中输入搜索百度引擎网址。

(2)在输入框中输入要搜索的信息,进行搜索。此处以搜索"计算机"为例。

(3)查阅并整理搜索到的信息,了解计算机的产生与发展历程。

(4)与他人探讨计算机的发展与网络之间的联系。

2. 电子邮箱的使用:

(1)在搜索引擎中搜索"163"(或其他),通过页面上的登录窗口登入邮箱(若无帐号,则先进行注册)。

(2)登录成功后,与他人交换邮箱,尝试发送和接收邮件。

(3)进入收件箱,管理邮件。

4.3 计算机网络体系结构

学习目标

- 熟悉 OSI 模型各层功能。
- 熟悉 TCP/IP 参考模型。
- 了解 IP 地址的分类。
- 掌握 IP 地址的配置方式。

计算机网络是一个非常复杂的系统,在技术层面上,它涉及计算机技术、通信技术、多媒体技术等多个领域;在地理范围上,它的用户、设备遍布全球。若想保证这样一个复杂的系统能够高效、可靠地运行,系统中每一部分必须有合理的分工,且要遵守严谨的规则。协议与体系结构就是计算机网络各部分遵循的规则与分工原则。本节将从基本概念入手,对计算机网络中的协议和体系结构进行讲解。

4.3.1 OSI 参考模型及其功能

1. OSI 模型

为了更好地促进互联网的研究和发展,国际标准化组织 ISO 制定了开放系统互联参考模型(Open System Interconnection Reference Model)。OSI 参考模型是研究如何把开放式系统(为了与其他系统通信而相互开放的系统)连接起来的标准,共有七层,其结构如图 4-23 所示。

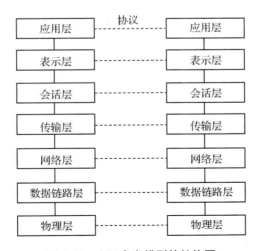

图 4-23　OSI 参考模型的结构图

2. OSI 参考模型各层功能

下面从最下层开始,依次说明 OSI 参考模型的各层任务。须注意,OSI 参考模型本身不是网络体系结构的全部内容,因为它并未确切地描述用于各层的协议和服务,它仅仅说明每层应该做什么。ISO 已经为各层制定了标准,但它们并不是参考模型的一部分,而是作为独立的国际标准公布的。

(1) 物理层(Physical Layer)

它是 OSI 参考模型的最低层,利用物理传输介质为数据链路层提供物理连接。其主要任务是在通信线路上传输数据位的电信号。此层按照传输介质的电气或机械特性的不同,传输不同格式的数据,传输数据的单位为位。它主要涉及处理与传输介质有关的电气、机械等方面的接口,不涉及通信方式(单工、半双工、全双工)等问题。

(2) 数据链路层(Data Link Layer)

它在物理层传输比特流的基础上,负责建立相邻节点之间的数据链路,提供节点与节点之间的可靠的数据传输。它除了将接收到的数据封装成数据包(Packet,也称作数据帧)后再传输之外,还检测帧的传输是否正确。通常该层又被分为介质访问控制(Medium Access Control,MAC)和逻辑链路控制(Logical Link Control,LLC)两个子层。MAC 主要用于共享型网络中多用户对信道竞争的问题;LLC 的主要任务是提供数据或帧、差错控制、流量控制和链路控制等功能。

(3) 网络层(Network Layer)

它的主要功能是控制通信子网内的寻径、流量、差错、顺序、进/出路由等,即负责节点与节点之间的路径选择,让数据从物理连接的一端传送到另一端,负责点到点之间通信联系的建立、维护和结束。它通过路由算法,为分组选择最适当的路径。它要执行路径选择、拥塞控制与网络互联等功能,是 OSI 参考模型中最复杂的一层。

(4) 传输层(Transport Layer)

该层负责提供两个节点之间数据的传送,当两个节点已确定建立联系之后,传输层即负责监督,以确保数据能正确无误地传送。传输层的目的是向用户提供可靠的端到端服务,透明地传送报文,它向高层屏蔽了下层数据通信的细节,是计算机网络通信体系结构中最关键的一层。

(5) 会话层(Session Layer)

它负责控制每一站究竟什么时间可以传送与接收数据,为不同用户建立会话关系,并对会话进行有效管理。例如,当许多用户同时收发信息时,该层主要控制、决定何时发送或接收信息,才不会有"碰撞"发生。

(6) 表示层(Application Layer)

它主要用于处理两个通信系统中信息的表示方式,完成字符和数据格式的转换,对数据进行加密和解密、压缩和恢复等操作。

(7) 应用层(Application Layer)

应用层是 OSI 参考模型的最高层,它与用户直接联系,负责网络中应用程序与网络操作系统之间的联系,包括建立与结束使用者之间的联系,监督并且管理相互连接起来的应用系统以及所使用的应用资源。例如,为用户提供各种服务,包括文件传送、远程登录、电子邮件以及网络管理等。但这一层并不包含应用程序本身,不包括字处理程序、数据库等。

在七层模型中,每一层都提供一个特殊的网络功能。如果单从功能的角度观察,下面四层(物理层、数据链路层、网络层和传输层)主要提供电信传输功能,以节点到节点之间的通信为主;上面三层(会话层、表示层和应用层)则以提供使用者与应用程序之间的处理功能为主。也就是说,下面四层属于通信功能,上面三层属于处理功能。

若从网络产品的角度观察,对于局域网来说,最下面三层(物理层、数据链路层、网络层)可直接做在网卡上,其余的四层则由网络操作系统来控制。

4.3.2 TCP/IP 参考模型

1. TCP/IP 参考模型

TCP/IP 是 20 世纪 70 年代中期美国国防部为其研究性网络 ARPANET 开发的网络体系结构。这种网络体系结构后来被称为 TCP/IP(Transmission Control Protocol/ Internet Protocol,传输控制协议/网际协议)参考模型,如图 4-24 所示。

应用层
传输层
网际互联层
网络接口层

图 4-24　TCP/IP 参考模型

2. TCP/IP 参考模型各层功能

TCP/IP 参考模型是四层结构,下面我们分别讨论这四层结构的功能。

(1)网络接口层

这是 TCP/IP 模型的最低层,负责接收从网际互联层传输的 IP 数据报,并将 IP 数据通过低层物理网络发送出去,或者从低层物理网络上接收物理帧,抽出 IP 数据报,交给 IP 层。

(2)网际互联层

网际互联层的主要功能是负责相邻节点之间的数据传送。它的主要功能包括以下三个方面:

第一,处理来自传输层的分组发送请求。将分组装入 IP 数据报,填充报头,选择去往目的节点的路径,然后将数据报发往适当的网络接口。

第二,处理输入数据报。首先检查数据报的合法性,然后进行路由选择,假如该数据报已到达目的节点(本机),则去掉报头,将 IP 报文的数据部分交给相应的传输层协议;假如该数据报尚未到达目的节点,则转发该数据报。

第三,处理 ICMP 报文。处理网络的路由选择、流量控制和拥塞控制等问题。

TCP/IP 网络模型的网际互联层在功能上非常类似于 OSI 参考模型中的网络层。

(3)传输层

TCP/IP 参考模型中传输层的作用是在源节点和目的节点的两个进程实体之间提供可靠的端到端的数据传输。为保证数据传输的可靠性,传输层协议规定接收端必须发回确认,并且假定一旦分组丢失,必须重新发送。

传输层还要解决不同应用程序的标识问题,因为在一般的通用计算机中,常常是多个应用程序同时访问互联网。为区别各个应用程序,传输层在每一个分组中增加识别信源和信宿应用程序的标记。另外,传输层的每一个分组均附带校验和接收机,以便接收节点检查接收到的分组的正确性。

TCP/IP 模型提供了两个传输层协议:传输控制协议 TCP 和用户数据报协议 UDP。TCP 协议是一个可靠的面向连接的传输层协议,它将某节点的数据以字节流形式无差错地投递到互联网的任何一台机器上。发送方的 TCP 将用户交来的字节流划分成独立的报文并交给互联网层进行发送,而接收方的 TCP 将接收的报文重新装配并交给接收用户。TCP 同时可处理有关流量控制的问题,以防止快速的发送方"淹没"慢速的接收方。用户数据报协议 UDP 是一个不可靠的、无连接的传输层协议,UDP 协议将可靠性问题交给应用程序解决。UDP 协议主要面向请求/应答式的交易型应用,一次交易往往只有一来一回两次报文交换,假如为此而建立连接和撤销连接,开销是相当大的,这种情况下使用 UDP 就非常有效。另外,UDP 协议也应用于那些对可靠性要求不高,但要求网络的延迟较小的场合,如语音和视频数据的传送。IP、TCP 和 UDP 的关系如图 4-25 所示。

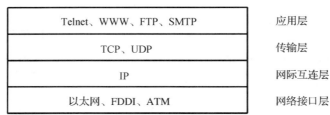

图 4-25　TCP/IP 模型各层使用的协议

(4) 应用层

传输层的上一层是应用层,应用层包括所有的高层协议。早期的应用层有远程登录协议(Telnet)、文件传输协议(File Transfer Protocol,FTP)和简单邮件传输协议(Simple Mail Transfer Protocol,SMTP)等。远程登录协议允许用户登录到远程系统并访问远程系统的资源,而且像远程机器的本地用户一样访问远程系统。文件传输协议提供在两台机器之间进行有效的数据传送的手段。简单邮件传输协议最初只是文件传输的一种类型,后来慢慢发展成为一种特定的应用协议。后来又出现了一些新的应用层协议,如用于将网络中的主机的名字地址映射成网络地址的域名服务(Domain Name Service,DNS),用于传输网络新闻的网络新闻传输协议(Network News Transfer Protocol,NNTP)和用于从 WWW 上读取页面信息的超文本传输协议(Hyper Text Transfer Protocol,HTTP)。

4.3.3　IP 地址

1. IP 地址概述

Internet 地址又称 IP 地址,它能够唯一确定 Internet 上每台计算机、每个用户的位置。Internet 上主机与主机之间要实现通信,每一台主机都必须要有一个地址,而且这个地址应该是唯一的,不允许重复。依靠这个唯一的主机地址,就可以在 Internet 浩瀚的海洋里找到任意一台主机。

目前广泛应用的是 32 位的 IPv4 地址,以及被逐渐推广的 128 位的 IPv6 地址。在 Internet 上发送的每个数据都包含了一个发送方 IP 地址和一个接收方 IP 地址。从概念上说,每个 IP 地址由两部分组成,即网络标识和主机标识。网络标识确定了该台主机所在的物理网络,主机标识确定了在某一物理网络上的一台主机,如图 4-26 所示。

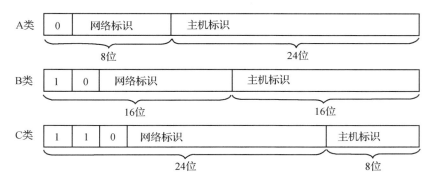

图 4-26 IP 地址结构

IP 地址的层次结构具有两个重要特性:

第一,每台主机分配了一个唯一的地址。

第二,网络标识号的分配必须全球统一,但主机标识号可由本地分配,无须全球统一。

2. IPv4 地址分类

目前较通用的 IP 地址是互联网协议的第四版地址,即 IPv4。一个 IPv4 地址由 4 byte(32 bit)组成,通常用小圆点分隔,其中每个字节可用一个十进制数来表示。例如,192.168.1.51就是一个 IPv4 地址。

IPv4 地址通常可分成两部分:第一部分是网络号,第二部分是主机号。

Internet 的 IPv4 地址可以分为 A、B、C、D、E 共 5 类,其中 A、B、C 为基本类,IP 地址首字节十进制数值大小 1—126 为 A 类,128—191 为 B 类,192—223 为 C 类;D 类地址留给 Internet 系结构委员会使用;E 类地址留待以后使用。

表 4-1 IPv4 地址范围

网络类别	IPv4 地址范围	网络数
A 类网	10.0.0.0—10.255.255.255	1
B 类网	172.16.0.0—172.31.255.255	16
C 类网	192.168.0.0—192.168.255.255	255

也就是说,每个字节的数字由 0—255 的数字组成,大于或小于该数字的 IP 地址都不正确,通过数字所在的区域可判断该 IPv4 地址的类别。

3. 私有地址

由于分配不合理及 IPv4 协议本身存在的局限性,现在互联网的 IP 地址资源越来越紧张,为了解决这一问题,IANA 将 A、B、C 类 IP 地址的一部分保留下来,留作局域网内网使用,这些地址足够 IP 企业网使用。保留 IP 地址的范围如表 4-2 所示。

表 4-2 局域网使用的 IP 地址范围

网络类别	IP 地址范围	网络数
A 类网	10.0.0.0—10.255.255.255	1
B 类网	172.16.0.0—172.31.255.255	16
C 类网	192.168.0.0—192.168.255.255	255

保留的 IP 地址段不会在互联网上使用,因此与广域网相连的路由器在处理保留 IP 地址时,只是将该数据包丢弃处理,而不会路由到广域网上去,从而将保留 IP 地址产生的数据隔离在局域网内部。随着因特网与因特网服务不断地突飞猛进,IPv4 已暴露其不足之处。早在 20 世纪 90 年代前后,业界就已经意识到 IPv4 地址资源短缺,将会成为制约互联网发展的核心问题。IPv6 是专为弥补这些不足而开发出来的,以便让因特网能够进一步发展壮大。

4. 子网掩码

子网掩码又称为地址掩码,它用于划分 IP 地址中的网络号与主机号,网络号所占的位置用"1"标识,主机号所占的用"0"标识,因为 A、B、C 类地址网络号和主机号的位置是确定的,所以子网掩码的取值也是确定的,如表 4-3 所示。

表 4-3 子网掩码表示

网络类别	标准的子网掩码
A 类网	255.0.0.0
B 类网	255.255.0.0
C 类网	255.255.255.0

5. IPv6 地址

由于网络的迅速发展,IPv4 地址已不能满足应用的需要,严重制约了互联网的应用和发展,为此 IETF 设计了新的 IP 地址格式,即 IPv6。IPv6 的使用,不仅能解决网络地址资源数量的问题,而且也解决了多种接入设备连入互联网的障碍。

IPv6 采用 128 位地址长度,几乎可以不受限制地提供地址,通常使用点分 16 进制表示,如"2001:DB8:0:23:8:800:200C:417A"。

4.3.4 域名系统

1. 域名的用途

数字形式的 IP 地址难以记忆,故在实际使用时常采用字符形式来表示 IP 地址,即域名系统(Domain Name System,DNS)。域名系统由若干子域名构成,子域名之间用小圆点来分隔。

2. 域名的层次结构

一个完整的域名结构为:⋯.三级子域名.二级子域名.顶级子域名,每一级子域名都由英文字母和数字组成(不超过63个字符,并且不区分大小写字母),级别最低的子域名写在最左边,而级别最高的顶级域名则写在最右边。一个完整的域名不超过255个字符,其子域级数一般不予限制。

例如,苏州高博软件技术学院的 WWW 服务器的域名是 www.gist.edu.cn。在这个域名中,顶级域名是 cn(表示中国),第二级子域名是 edu(表示教育部门),第三级子域名是 gist(表示苏州高博软件技术学院),最左边的 www 则表示某台主机名称。

域名系统最右边的域称为顶级域,每个顶级域都规定了通用的顶级域名。由于美国是 Internet 的发源地,顶级域名以所属的组织定义,常用的顶级域名如表4-4、表4-5所示。

表4-4 常用组织顶级域名

顶级域名	域名类型	顶级域名	域名类型
com	商业组织	mil	军事部门
edu	教育机构	net	网络支持中心
gov	政府部门	org	各种非营利组织
int	国际组织		

国际互联网信息中心还定义了一些新的顶级域名,如 firm(企业)、nom(个人主页)、rec(娱乐机构)、shop(商店购物)、inf(信息服务的企业)、art(艺术与文化)等,但目前使用这些域名的用户还很少。

表4-5 部分国家或地区的顶级域名代码

国家或地区	代码	国家或地区	代码	国家或地区	代码
中国	cn	中国台湾	tw	加拿大	ca
日本	jp	中国香港	hk	俄罗斯	hi
韩国	kr	英国	uk	澳大利亚	au
丹麦	de	法国	fr	意大利	it

4.4 局域网技术

学习目标

- 了解局域网的概念、特点和标准。
- 了解无线局域网的概念、特点和应用。
- 了解无线局域网的作用。

4.4.1 局域网概述

局域网的覆盖范围一般是方圆几千米之内,其具备的安装便捷、成本节约、扩展方便等特点,使其在各类办公室内运用非常广泛。局域网可以实现文件管理、应用软件共享、打印机共享等功能。从本质上讲,城域网、广域网和 Internet 可以看成是由许多的局域网通过特定的网络设备互连而成的。

随着局域网的发展,国际机构 IEEE 制定了一系列局域网技术规范,统称为 IEEE 802 标准。IEEE 802.3 标准定义了以太网的技术规范;IEEE 802.5 标准定义了令牌环网的技术规范;IEEE 802.11 标准定义了无线局域网的技术规范。

4.4.2 局域网的基本组成

局域网的组成可以分为硬件和软件两大类。

1. 硬件组成

局域网硬件是组成局域网物理结构的设备,根据设备的功能,局域网硬件可分为以下几种。

(1) 服务器

服务器是局域网中管理和提供资源的主机,可与诸多客户机相连,并为其提供资源或其他服务,如数据库服务器、Web 服务器、文件服务器等。

(2) 客户机

局域网中用户使用的计算机,通常是一台微型计算机。客户机也称为工作站,其中一般配置有网络适配器(网卡),以通过传输介质与网络相连。

(3) 网络设备

局域网中常用的专用网络设备有网卡、集线器、交换机、无线 AP、路由器、调制解调器等。这些设备可实现局域网中设备的连接,数据的转发、交换及信号类型的转换等。

(4) 传输介质

传输介质用于连接局域网中的专用通信设备和服务器或主机,局域网中常用的传输介质有双绞线、同轴电缆、光纤。

除以上设备外,根据局域网的职能,局域网中还可能包含打印机、扫描仪、绘图仪等外部设备,局域网硬件组成如图 4-27 所示。

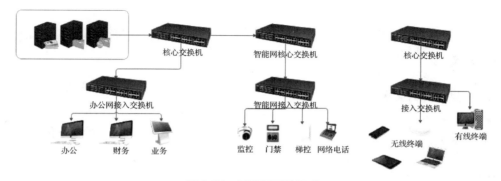

图 4-27 局域网硬件组成

2. 软件组成

局域网中的软件主要包含网络操作系统和协议软件。

（1）网络操作系统

目前常见的网络操作系统主要有 Windows、Netware、Linux 三种。

（2）协议软件

网络操作系统中使用的协议一般为 TCP/IP 协议簇中的协议,如 DHCP、DNS、HTTP 等。

4.4.3 无线局域网

无线局域网是计算机网络与无线通信技术相结合的产物。通常计算机组网的传输媒介主要依赖铜缆或光缆,构成有线局域网。但有线网络在某些场合要受到布线的限制,为解决此类问题,研发了无线局域网(Wireless Local Area Network,WLAN)。

1. 无线局域网的概念

WLAN 广义上是指以无线电波、激光、红外线等来代替有线局域网中的部分或全部传输介质所构成的网络,如图 4-28 所示。WLAN 技术是基于 802.11 标准系列的,即利用高频信号(如 2.4 GHz 或 5 GHz)作为传输介质。

802.11 是 IEEE 在 1997 年为 WLAN 定义的一个无线网络通信的工业标准。此后这一标准又不断得到补充和完善,形成 802.11 的标准系列,如 802.11、802.11a、802.11b、802.11e、802.11g、802.11i、802.11n 等。

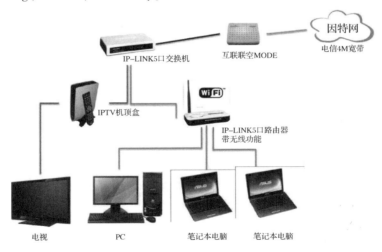

图 4-28 无线局域网

2. 无线局域网的技术特点

无线局域网利用电磁波在空气中发送和接收数据,而不需要线缆介质。无线局域网的数据传输速率现在已经能够达到 11 Mbit/s,传输距离可远至 20 km 以上。它是对有线联网方式的一种补充和扩展,主要优缺点如下。

（1）优点

① 具有灵活性和移动性。在有线网络中,网络设备的安放位置受网络位置的限制,而

无线局域网在无线信号覆盖区域内的任何一个位置都可以接入网络。无线局域网另一个最大的优点在于其移动性,连接到无线局域网的用户可以移动且能同时与网络保持连接。

② 安装便捷。无线局域网可以免去或最大限度地减少网络布线的工作量,一般只要安装一个或多个接入点设备,就可建立覆盖整个区域的局域网络。

③ 易于进行网络规划和调整。对于有线网络来说,办公地点或网络拓扑的改变通常意味着重新建网。重新布线是一个昂贵、费时、浪费和琐碎的过程,无线局域网可以避免或减少以上情况的发生。

④ 故障定位容易。有线网络一旦出现物理故障,尤其是由于线路连接不良而造成的网络中断,往往很难查明,而且检修线路需要付出很大的代价。无线网络则很容易定位故障,只需更换故障设备,即可恢复网络连接。

⑤ 易于扩展。无线局域网有多种配置方式,可以很快地从只有几个用户的小型局域网扩展到上千用户的大型网络,并且能够提供节点间"漫游"等有线网络无法实现的特性。

由于无线局域网有以上诸多优点,因此其发展十分迅速。最近几年,无线局域网已经在企业、医院、商店、工厂和学校等场合得到了广泛的应用。

(2) 缺点

无线局域网在能够给网络用户带来便捷和实用的同时,也存在着一些缺陷。无线局域网的不足之处主要体现在以下几个方面:

① 性能。无线局域网是依靠无线电波进行传输的,这些电波通过无线发射装置进行发射,而建筑物、车辆、树木和其他障碍物都可能阻碍电磁波的传输,所以会影响网络的性能。

② 速率。无线信道的传输速率与有线信道的传输速度相比要低得多。无线局域网的最大传输速率为 1 Gb/s,只适合于个人终端和小规模网络应用。

③ 安全性。本质上无线电波不要求建立物理的连接通道,无线信号是发散的。从理论上讲,很容易监听到无线电波广播范围内的任何信号,造成通信信息泄漏。

3. 组建无线局域网的硬件设备

(1) 无线网卡

无线网卡的作用和以太网中的网卡的作用基本相同,它作为无线局域网的接口,能够实现无线局域网各客户机间的连接与通信,无线网卡如图 4-29 所示。

(2) 无线接入点

其功能是把有线网络转换为无线网络。形象地说,无线 AP 是无线网和有线网之间沟通的桥梁。其信号范围为球形,搭建的时候最好放到比较高的地方,可以增加覆盖范围,无线 AP 也就是一个无线交换机,接入在有线交换机或是路由器上,接入的无线终端和原来的网络属于同一个子网。

无线路由器就是一个带路由功能的无线 AP,如图 4-30 所示,接入在 ADSL 宽带线路上,通过路由器功能实现自动拨号接入网络,并通过无线功能,建立一个独立的无线家庭组网。

图 4-29　无线网卡

图 4-30　无线路由器

（3）无线天线

当无线网络中各网络设备相距较远时,随着信号的减弱,传输速率会明显下降,以致无法实现无线网络的正常通信,此时就要借助于无线天线对所接收或发送的信号进行增强。

4. 无线局域网的应用

基于无线局域网具有的诸多优点,它可广泛应用于下列领域:

WLAN 的典型应用场景如下:

① 大楼之间:大楼之间建构网络的连结,取代专线,简单又便宜。

② 餐饮及零售:餐饮服务业可使用无线局域网络产品,直接从餐桌即可输入并传送客人点菜内容至厨房、柜台。零售商促销时,可使用无线局域网络产品设置临时收银柜台。

③ 医疗:使用附无线局域网络产品的手提式计算机取得实时信息,医护人员可借此避免对伤患救治的迟延、不必要的纸上作业、单据循环的迟延及误诊等,而提升对伤患照顾的品质。

④ 企业:当企业内的员工使用无线局域网络产品时,不管他们在办公室的任何一个角落,有无线局域网络产品,就能随意地发电子邮件、分享档案及上网浏览。

⑤ 仓储管理:一般仓储人员的盘点事宜,透过无线网络的应用,能立即将最新的资料输入计算机仓储系统。

⑥ 货柜集散场:一般货柜集散场的桥式起重车,在调动货柜时,将实时信息传回办公室,以利相关作业之逐行。

⑦ 监视系统:一般位于远方且需受监控现场的场所,由于布线的困难,可借由无线网络将远方之影像传回主控站。

⑧ 展示会场:诸如一般的电子展、计算机展,由于网络需求极高,而且布线又会让会场显得凌乱,若能使用无线网络,则是再好不过的选择。

⑨ 办公室和家庭办公室(SOHO)用户以及需要方便快捷地安装小型网络的用户。

4.4.4　小结练习

一、选择题

1. 按计算机网络的覆盖范围,可将网络划分为(　　)。

A. 以太网和移动通信网　　　　　　　　B. 电路交换网和分组交换网

C. 局域网、城域网和广域网　　　　D. 星型结构、环型结构和总线型结构

2. 下列域名表示教育机构的是(　　)。

　A. ftp.bta.net.cn　　　　　　　B. ftp.cnc.ac.cn

　C. www.ioa.ac.cn　　　　　　　D. www.buaa.edu.cn

3. URL 的格式是(　　)。

　A. 协议://IP 地址或域名/路径/文件名　　B. 协议://路径/文件名

　C. TCP/IP 协议　　　　　　　　D. http 协议

4. 下列各项是非法 IP 地址的是(　　)。

　A. 126.96.2.6　　　　　　　　B. 190.256.38.8

　C. 203.113.7.15　　　　　　　D. 203.226.1.68

5. Internet 在中国被称为因特网或(　　)。

　A. 网中网　　　　　　　　　　B. 国际互联网

　C. 国际联网　　　　　　　　　D. 计算机网络系统

6. 因特网上的服务都是基于某一种协议,Web 服务基于(　　)。

　A. SNMP 协议　　B. SMTP 协议　　C. HTTP 协议　　D. Telnet 协议

7. 电子邮件是 Internet 应用最广泛的服务项目,通常采用的传输协议是(　　)。

　A. SMTP　　　　　　　　　　　B. IPX/SPX

　C. CSMA/CD 协议　　　　　　　D. Telnet 协议

8. 计算机网络的目标是实现(　　)。

　A. 数据处理　　　　　　　　　B. 文献检索

　C. 资源共享和信息传输　　　　D. 信息传输

9. 通过 Internet 发送或接收电子邮件(E-mail)的首要条件是应该有一个电子邮件(E-mail)地址,它的正确形式是(　　)。

　A. 用户名@域名　　　　　　　B. 用户名#域名

　C. 用户名/域名　　　　　　　D. 用户名.域名

10. 下列不属于 OSI 参考模型七个层次的是(　　)。

　A. 会话层　　　　　　　　　　B. 数据链路层

　C. 用户层　　　　　　　　　　D. 应用层

二、填空题

1. IP 地址分为 A、B、C、D、E 五类,若网上某台主机的 IP 地址为 155.129.10.10,该 IP 地址属于_____地址。

2. 某用户的 E-mail 地址是 mary@gist.edu.cn,那么该用户邮箱所在服务器的域名是_____。

3. OSI 参考模型的最高层是_____。

4. 按网络所覆盖的地域范围把计算机网络分为局域网、_____和广域网。

5. TCP/IP 模型将计算机网络分成_____、传输层、网际互联层和网络接口层。

三、判断题

1. 所谓网络服务,就是一个网络用户提供给另一个网络用户的某种服务。(　　)

2. WWW 是 Internet 上最广泛的一种应用,WWW 浏览器不仅可以下载信息,也可以上传信息。(　　)

3. Internet 是一个庞大的计算机网络,每一台入网的计算机必须有一个唯一的标识,以便相互通信,该标识就是常说的 URL。(　　)

4. 连入因特网的每一台主机必须有一个并且只能有一个域名。(　　)

5. UDP 和 TCP 是 TCP/IP 参考模型中传输层使用的协议。(　　)

6. 域名的最高层均代表国家。(　　)

7. 电子邮件可以发送除文字之外的图形、声音、表格和传真。(　　)

8. 域名系统由若干子域名构成,子域名之间用小数点的圆点来分隔。(　　)

9. 电子邮件的发送对象只能是不同操作系统下同类型网络结构的用户。(　　)

10. 百度、搜狗、谷歌、雅虎、搜狐、爱奇艺、迅雷、360 搜索等都是搜索引擎。(　　)

第 5 章 文字处理软件 Word 2016

　　Word 2016 是 Office 2016 中的文字处理组件,也是计算机办公应用中使用最普及的软件之一,利用 Word 2016 可以创建纯文本、图表文本、表格文本等各种类型的文档,还可以使用字体、段落、版式等格式进行高级排版。

　　本章主要介绍 Word 2016 工作界面和文本操作,以及如何设置文本与段落格式。另外,用户还可以学习文档排版、表格应用、图文混排的知识与技巧。

思维导图

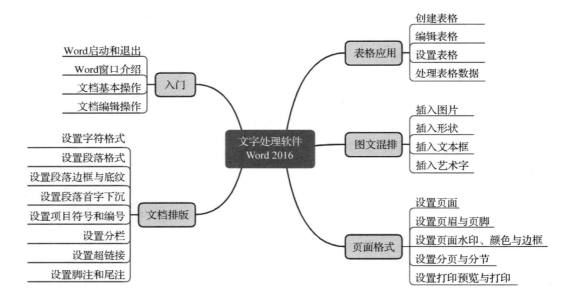

5.1 Word 2016 入门

学习目标

- 了解 Word 2016 的功能。
- 熟悉 Word 2016 的操作窗口。
- 掌握 Word 2016 的文档操作。
- 能根据需要正确进行 Word 文档操作。

5.1.1 Word 2016 的启动和退出

1. Word 2016 的启动

启动 Word 和启动其他应用软件基本相同，常用的有以下几种方法。

方法一：在"开始"菜单中选择"Word"启动，如图 5-1 所示。

方法二：通过双击桌面上 Word 2016 的快捷图标 启动 Word 应用程序，如图 5-2 所示。

图 5-1　通过"开始"菜单启动 Word 2016　　　图 5-2　通过双击桌面上的快捷方式启动 Word 2016

方法三：通过单击任务栏中的快捷启动图标即可启动 Word 应用程序。其中，在任务栏固定快捷启动图标的方法是：单击"开始"按钮，选择"所有程序"→"Word"命令并右击，在弹出的快捷菜单中选择"固定到任务栏"命令，如图 5-3 所示。

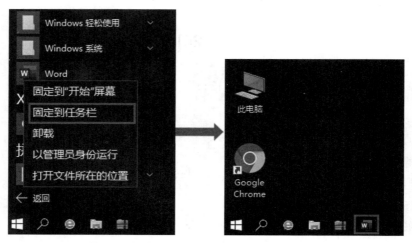

图 5-3　创建 Word 2016 任务栏快捷启动图标

方法四：若计算机中已经保存了用户创建的 Word 文件（扩展名为"doc"或"docx"），直接双击它即可启动运行 Word 应用程序，同时会打开该文档。

需要注意的是，Word 2016 具有兼容的功能。也就是说，使用 Word 2016 可以打开 Word 以前版本（如 Word 2013/2010/2007 等）所创建的各种文档文件。

2. Word 的退出

退出 Word 和退出其他应用软件的方法基本相同，常用的有以下几种方法。

方法一：单击 Word 窗口右上角的"关闭"按钮 ✕ 。

方法二：单击 Word 窗口左上角，在弹出的下拉菜单中选择"关闭"选项，如图 5-4 所示。

方法三：右击 Word 窗口标题栏，在弹出的下拉菜单中选择"关闭"选项。

方法四：确认 Word 窗口是当前活动的窗口，然后按【Alt】+【F4】组合键。

需要注意的是，若启动 Word 后对文档进行过任何编辑，在使用上述任何一种方法退出时，系统都会出现一个如图 5-5 所示的提示保存对话框，提示用户是否对新建文档进行保存。若需要保存，单击"保存"按钮进行存盘；若不需要保存，单击"不保存"按钮直接退出；若还需要进一步编辑，则单击"取消"按钮放弃退出。

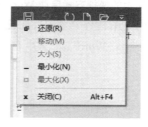

图 5-4　在下拉菜单中选择"关闭"

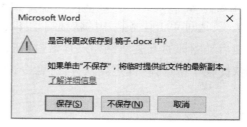

图 5-5　提示保存对话框

5.1.2 认识 Word 2016 窗口

1. Word 2016 窗口介绍

Word 2016 的操作界面如图 5-6 所示，它主要包含标题栏、快速访问工具栏、功能选项卡、标题栏、功能区、工作区、滚动条、视图栏和状态栏等部分。

图 5-6　Word 2016 操作界面

（1）标题栏

标题栏位于窗口的最上方，由快速访问工具栏、当前文档名称、窗口控制按钮、功能显示选项组成。通过标题栏，不仅可以调整窗口大小、查看当前所编辑的文档名称，还可以进行新建、打开、保存等文档操作。

其中，快速访问工具栏中显示了一些常用的工具按钮，默认按钮有"保存"按钮、"撤销"按钮、"恢复"按钮。用户还可以自定义按钮，只需单击该工具栏右侧的"自定义快速访问工具栏"按钮，在打开的下拉列表中选择相应选项即可。智能搜索框是 Word 2016 软件新增的一项功能。通过该搜索框，用户可轻松找到相关的操作说明。

（2）"文件"选项卡

"文件"选项卡主要实现文档的新建、打开、保存、共享等基本功能，如图 5-7 所示。其中，"信息"命令中可以对文档的高级属性进行编辑，包括标题、主题、作者、单位、关键字等信息；最下方的"选项"命令可打开"Word 选项"对话框，在其中可对 Word 组件进行常规、显示、校对、自定义功能区等多项设置，如图 5-8 所示。

图 5-7 "文件"选项卡基本功能

图 5-8 "Word 选项"对话框

【例 5-1】 在"文件"选项卡下进行文档信息高级属性编辑,在"摘要"选项卡的标题栏中输入"学位论文",主题为"软件和信息服务业研究",作者为"张丽",单位为"信息与软件学院",添加两个关键词"软件;信息服务业"。

具体步骤如下:

① 单击"文件"选项卡中的"信息"命令,如图 5-9 所示。

② 单击右侧的"属性"下拉按钮,单击"高级属性",弹出"属性"对话框。

③ 在"属性"对话框中单击"摘要"选项卡,分别输入标题、主题、作者、单位、关键字等信息,如图 5-10 所示。

图 5-9 文档信息高级属性

图 5-10 文档"摘要"属性设置

(3) 功能选项卡及功能区

Word 2016 默认包含了八个功能选项卡,分别是"开始""插入""设计""布局""引用""邮件""审阅""视图"。单击任何一个选项卡可以打开对应的功能区,单击其他选项卡可分别切换到相应的选项卡,每个选项卡中分别包含了相应的功能集合。

（4）文档编辑区

文档编辑区位于窗口的中央，是 Word 中最重要的组成部分，所有的文本操作都将在该区域进行，用于显示正在编辑的文档内容或对文字、图片、图形以及表格等对象进行编辑。新建一个空白文档后，在文档编辑区的左上角将显示一个闪烁的光标，称为文本插入点，该光标所在位置便是文本的起始输入位置。

（5）状态栏

状态栏位于操作界面的最下面，主要用于显示当前文档的工作状态，包括当前正在编辑的文档页数、字数等相关信息。还可以通过右侧的缩放比例来调整窗口的显示比例。

2. Word 2016 选项卡简介

Word 2016 同样取消了传统的菜单操作方式，取而代之的是各种选项卡。在 Word 2016 窗口上方看起来像菜单的名称，其实是选项卡的名称，当单击这些名称时并不会打开菜单，而是切换到与之相对应的选项卡面板。每个选项卡根据功能的不同又分为若干个组，每个选项卡所拥有的功能如下所述。

（1）"开始"选项卡

"开始"选项卡中包括"剪贴板""字体""段落""样式""编辑器""保存"六个分组功能区，其主要用于帮助用户对 Word 文档进行文字编辑和格式设置，是用户最常用的选项卡，如图 5-11 所示。

图 5-11 "开始"选项卡

（2）"插入"选项卡

"插入"选项卡包括"页面""表格""插图""加载项""媒体""链接""批注""页眉和页脚""文本""符号"十个分组功能区，其主要用于在 Word 文档中插入各种元素，如图 5-12 所示。

图 5-12 "插入"选项卡

（3）"设计"选项卡

"设计"选项卡包括"主题""文档格式""页面背景"三个分组功能区，其主要作用是对 Word 文档格式进行设计和背景进行编辑，如图 5-13 所示。

图 5-13 "设计"选项卡

(4)"布局"选项卡

"布局"选项卡包括"页面设置""稿纸""段落""排列"四个分组功能区,其主要作用是用于设置 Word 文档中的页面样式,如图 5-14 所示。

图 5-14 "布局"选项卡

(5)"引用"选项卡

"引用"选项卡包括"目录""脚注""信息检索""引文与书目""题注""索引""引文目录"七个分组功能区,其主要作用是用于实现在 Word 文档中插入目录等比较高级的功能,如图 5-15 所示。

图 5-15 "引用"选项卡

(6)"邮件"选项卡

"邮件"选项卡包括"创建""开始邮件合并""编写和插入域""预览结果""完成"五个分组功能区,该选项卡的作用比较专一,专门用于在 Word 文档中进行邮件合并方面的操作,如图 5-16 所示。

图 5-16 "邮件"选项卡

(7)"审阅"选项卡

"审阅"选项卡包括"校对""语音""辅助功能""语言""中文简繁转换""批注""修订""更改""比较""保护""墨迹""OneNote"十二个分组功能区,其主要作用是用于对 Word 文档进行校对和修订等操作,适用于多人协作处理 Word 长文档,如图 5-17 所示。

图 5-17 "审阅"选项卡

（8）"视图"选项卡

"视图"选项卡包括"视图""沉浸式""页面移动""显示""缩放""窗口""宏""Sharepoint"八个分组功能区，其主要作用是用于帮助用户设置 Word 操作窗口的视图类型，以方便操作，如图 5-18 所示。

图 5-18 "视图"选项卡

3. Word 2016 的视图分类

Word 2016 中主要有 5 种视图模式，如阅读视图、页面视图、Web 版式视图等。用户可以单击窗口右下方的按钮进行切换，也可以通过"视图"选项卡下的"视图"组中的按钮切换与自定义。这个时候虽然文档的显示方式不同，但是文档的内容是不变的。同时在 Word 中，由于视图模式不同，其操作界面也会发生变化。

下面分别对各种视图模式做一简单介绍。

- 页面视图：此视图模式为 Word 的默认视图模式，该视图模式是按照文档的打印效果来显示文档的，因此，文档中的页眉、页脚、页边距、图片等其他元素均会显示其正确的位置，具有"所见即所得"的效果。

- 阅读视图：此视图模式是模拟书本阅读方式，以图书的分栏样式显示 Word 文档，也就是将两页文档同时显示在一个视图窗口中，但不显示文档的页眉和页脚。同时，若要返回至页面视图，只需要单击右上角的"关闭"按钮即可。

- Web 版式视图：此视图模式是以网页的形式来显示所编辑的 Word 文档的，而且这种模式可以看到背景和为适应窗口而换行显示的文本，且图形位置与在 Web 浏览器中的位置一致。

- 大纲视图：使用这种视图模式可以方便地查看和调整文档的结构，因为它可以显示文档中标题的层次结构，所以多用于长文档的快速浏览和设置。

- 草稿视图：此视图模式取消了页面设置、分栏、页眉/页脚和图片等元素，仅显示标题和正文，是最节省计算机系统硬件资源的一种视图方式。

5.1.3　Word 2016 的文档基本操作

在使用 Word 编辑处理各种文档之前,首先应该先掌握文档的基本操作,Word 中的文档操作主要包括新建文档、输入文本、保存文档、打开文档、关闭文档等,下面分别进行介绍。

1. 新建文档

新建文档主要可以分为新建空白文档和根据模板新建文档两种方式。

（1）新建空白文档

启动 Word 2016 后,Word 应用程序都会自动新建一个名为"文档 1"的空白文档,除此之外,新建空白文档还有以下三种方法。

方法一:选择"文件"选项卡,或使用【Alt】+【F】组合键,在弹出的菜单中选择"新建"命令,在右侧显示的"可用模板"选项面板中单击"空白文档"图标,如图 5-19 所示。

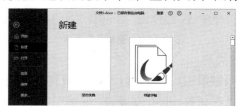

图 5-19　新建空白文档

方法二:单击"自定义快速访问工具栏"按钮 ,在打开的下拉列表中选择"新建"选项,然后单击快速访问工具栏中的"新建"按钮 。

方法三:直接按【Ctrl】+【N】组合键新建文档。

（2）根据模板新建文档

Word 中的空白文档是最常使用的一种传统的文档,除了它以外,Word 还为用户提供了博客文章、简历和备忘录等多种具有统一规格、框架的模板,如图 5-20 所示,用户只需要根据自己的需要进行修改和编辑,即可以得到一个漂亮、工整的文档。

图 5-20　新建文档样本模板

2. 输入文本

创建文档之后,便可以在文档中输入中英文、日期、数字等文本,以便对文档进行编辑与排版。同时利用"插入"选项卡,还可以满足用户对公式与特殊符号的输入需求。

（1）输入文字

在 Word 中的光标处，可以直接输入中英文、数字、符号、日期等文本。按【Enter】键可以直接进行下一行的输入，按空格键可以空出一个或几个字符后再继续输入。按【Delete】键删除插入点右侧的一个字符，按【Backspace】键删除插入点左侧的一个字符。

（2）输入特殊符号

在输入文档的过程中，除了可以通过键盘输入一些常用的基本符号外，很多时候，为了标注文档重点内容或重要含义，还可以通过 Word 的插入符号功能输入一些诸如≥（大于等于号）、©（版本所有符）等键盘上没有的特殊符号。

具体操作步骤如下：

① 将光标插入点移至要插入特殊符号的位置。

② 在"插入"选项卡下的"符号"组中单击"符号"下拉按钮。

③ 弹出如图 5-21 所示的列表框，上方列出了最近插入过的符号，若需要插入的符号位于其中，单击该符号即可；否则，选择"其他符号"命令，打开如图 5-22 所示的"符号"对话框。

④ 在其中按需求选择需要插入的符号如"≥"（大于等于号），最后单击"插入"按钮。若需要插入诸如©（版本所有符）等的特殊符号，只需要在"符号"对话框中选择"特殊字符"选项卡，然后选择相应的字符即可，如图 5-23 所示。

图 5-21 插入特殊符号

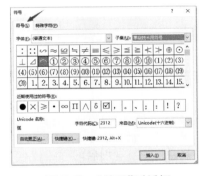
图 5-22 "符号"对话框

图 5-23 "特殊符号"选项卡

（3）输入公式

某些文档中可能需要输入公式，对于一些简单的公式可以直接使用键盘输入，如"a + b"。如果文档中需要输入比较复杂的数学公式，那么就需要借助 Word 的插入公式功能来实现。具体操作步骤如下：

① 将光标插入点移至要插入公式的位置。

② 在"插入"选项卡下的"符号"组中单击"公式"下拉按钮，弹出如图 5-24 所示的列表框。

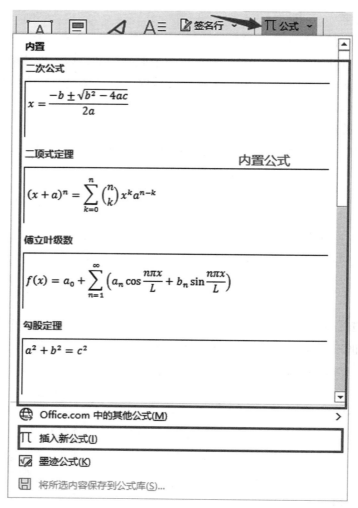

图 5-24 插入公式

③ 在图 5-24 所示的列表框中选择"插入新公式"按钮。此时在文档中出现 在此处键入公式。。

④ "公式"选项卡下有"工具""转换""符号""结构"四个分组功能区,如图 5-25 所示。根据用户需求,在"符号""结构"组中,选择需要的符号和结构进行插入即可。

图 5-25 "公式"选项卡

3. 保存文档

新建文档以后,需要及时地将其存储在计算机中,以便后续的查看和编辑处理。保存文档分为保存新建的文档、保存已保存过的文档、另存为其他格式的文档和自动保存文档四种方式。

（1）保存新建的文档

当新建的文档第一次保存时，需要指定文件名、文件类型和保存位置。保存新建文档的方式有多种，常用的有以下几种。

方法一：单击界面左上角的"文件"选项卡，在弹出的菜单中选择"保存"命令。

方法二：单击快速访问工具栏上的"保存"按钮 🔲。

方法三：直接使用【Ctr】+【S】组合键保存。

如果是第一次对新建的文档进行保存，执行以上任意操作后，都将打开"另存为"窗口，如图 5-26 所示，在该窗口的"另存为"列表中提供了"最近""OneDrive""这台电脑""添加位置""浏览"五种保存方式，默认选择"最近"的保存位置。也可以单击"浏览"，打开"另存为"对话框，如图 5-27 所示。在此对话框中，用户可以根据实际需求，选择和设置文件的保存位置，在"文件名"和"文件类型"下拉列表中设置文档保存名称和类型，完成后单击"保存"按钮。

图 5-26　选择保存方式　　　　图 5-27　"另存为"对话框

（2）保存已保存过的文档

如果文档已经保存过，再执行保存操作时若不需要更改文件位置、文件名和文件类型时，直接单击界面左上角"文件"选项卡中的"保存"命令，或者单击快速访问工具栏上的"保存"按钮即可。若需要更改其中任何一项，则需要单击左上角"文件"选项卡中的"另存为"命令，在如图 5-27 所示对话框中重新设置文件保存的路径、名称或文件类型。

（3）另存为其他格式的文档

如果需要将已保存的文档保存为其他如 PDF 或网页等多种格式的文件，只需要在"另存为"对话框中，单击"保存类型"右侧的下拉列表框，选中需要的文件格式即可，如图 5-28 所示。

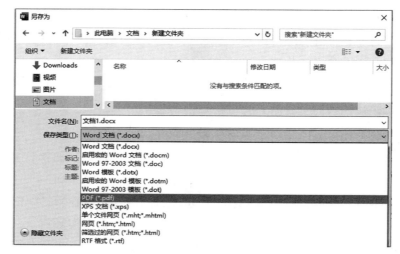

图 5-28 选择文档保存类型

注意 使用这种方式保存的文件,若文件保存为"pdf"文件,可以使用 PDF 阅读器打开另存后的文档查看其效果。

(4)自动保存文档

用户在编辑文档的过程中,为了避免需要随时保存所造成的困扰,可以将文档设置为自动保存,一旦设置为自动保存,系统会根据设置的时间间隔在指定的时间自动对文档进行保存,而不管文档是否进行过修改,这项功能可以有效地避免用户在编辑过程中遇到停电、死机等意外情况造成的文档数据丢失。默认状态下,Word 每隔 10 分钟为用户保存一次文档,而如果需要修改时间间隔,单击"文件"选项卡,选择"选项"命令,弹出"Word 选项"对话框,单击"保存"选项卡,在"保存文档"选项区域中选中"保存自动恢复信息时间间隔"复选框,并在其后的数值框中设置自动保存的时间间隔,如"8 分钟",如图 5-29 所示,完成后确认操作即可。

图 5-29 设置自动保存文档时间间隔

4. 打开文档

打开文档的方式有多种，常用的有以下三种。

方法一：单击界面左上角的"文件"选项卡，在弹出的菜单中选择"打开"命令。

方法二：单击快速访问工具栏上的"打开"按钮 。

方法三：按【Ctrl】+【O】组合键直接打开。

执行以上任意操作后，都将打开"打开"窗口，如图5-30所示，在该窗口的"打开"列表中提供了"最近""OneDrive""这台电脑""添加位置""浏览"五种打开方式，默认选择"最近"的保存位置。也可以单击"浏览"，打开"打开"对话框，如图5-31所示。在此对话框中，用户可以根据实际需求，选择当前计算机中所保存的文档，完成后单击"打开"按钮。

图5-30　选择文档打开方式　　　　　　图5-31　"打开"对话框选择文档

5. 关闭文档

关闭文档的方法是：单击"文件"选项卡，在弹出的菜单中选择"关闭"命令。注意，关闭文档只是关闭当前正在编辑的文档，而不退出 Word 2016 应用程序。

5.1.4　Word 2016 的文本编辑操作

1. 选择文本

在 Word 中，若要编辑文档中的内容，首先应该选择文本。选择文本主要包括选择任意文本、选定长文档、选择一个词、选择一个句子、选择一行文本、选择一段文本、选择整篇文档等多种方式。选择文本既可以使用鼠标，也可以使用键盘。具体的方法介绍如下：

- 选定任意文本：将光标定位在文本开始位置，按住鼠标左键拖动或滚动滚轮至结尾处。选择后的文本呈灰底黑字显示。
- 选定长文档：在文档开始处单击，按住【Shift】键，再单击结尾处，其间的文本即被选定。
- 选定一个词：双击目标词。
- 选定一个句子：按住【Ctrl】键，单击该句中任意位置（以句号结尾的一串文字）。
- 选定一行文本：将鼠标移到该行左边空白位置，当鼠标指针变为向右倾斜的箭头时单击鼠标左键。
- 选定一段文本：将鼠标移到该段落左边空白位置，当鼠标指针变为向右倾斜的箭头时单击鼠标左键 2 次;或者在该段文本中任意位置连续单击鼠标左键 3 次。

● 选定整篇文档:将鼠标移动到文档左边空白位置,当鼠标指针变为向右倾斜的箭头时单击鼠标左键 3 次;或者将鼠标指针定位到文本起始位置,按住【Shift】键,再单击文本末尾位置;或者直接按【Ctrl】+【A】组合键。

2. 插入和删除文本

在文本的编辑过程中,有时候需要对缺少的或者多余的文本进行插入和删除操作。

(1) 插入文本内容

若要在 Word 文档中添加文本内容,在需要插入内容的位置单击鼠标左键或当鼠标指针变成 形状时双击鼠标定位文本插入点,在该处输入文本,文本插入点会随着输入文字自动向后移动。

(2) 删除文本内容

若要删除 Word 文档中多余或重复的文本,可以按【Backspace】键或【Delete】键删除所选的文本。也可以直接按【Backspace】键,删除插入点左侧文本;又或者直接按【Delete】键,删除插入点右侧文本。

3. 移动与复制文本

在 Word 文档中,如果文本内容较为混乱,可以通过相关操作调整文本先后顺序来编辑文本。若要在文档其他位置输入与已有内容相同的文本,则可以使用复制操作。若要将有些文本内容从一个位置移到另一个位置,可以使用移动操作。

(1) 移动文本

移动文本是将选择的文本从当前位置移到另一个位置,移动后,原位置将不再保留该文本。移动文本的方法有以下五种:

方法一:选择要移动的文本,单击鼠标右键,在弹出的快捷菜单中选择"剪切"命令,定位文本插入点,单击鼠标右键,在弹出的快捷菜单中单击"粘贴选项"命令中的"保留源格式"按钮 。

方法二:选择要移动的文本,在"开始"选项卡的"剪贴板"组中单击"剪切"按钮 ,然后在目标插入点单击"开始"选项卡的"剪贴板"组中的"粘贴"按钮 。

方法三:选择要移动的文本,按下【Ctrl】+【X】组合键,然后定位文本插入点,按【Ctrl】+【V】组合键粘贴文本。

方法四:选择要移动的文本,按下鼠标左键不放,拖动到达目标插入点,释放鼠标左键。

方法五:选择要移动的文本,按下鼠标右键不放,拖动到达目标插入点,释放鼠标右键后弹出一个快捷菜单,然后选择"移动到此位置"命令。

(2) 复制文本

复制文本是将选择的文本在目标位置创建一个副本,复制后,原位置和目标位置都存在该文本。复制文本的方法有以下五种:

方法一:选择要复制的文本,单击鼠标右键,在弹出的快捷菜单中选择"复制"命令,定位文本插入点,单击鼠标右键,在弹出的快捷菜单中单击"粘贴选项"命令中的"保留源格式"按钮。

方法二:选择要复制的文本,在"开始"选项卡下的"剪贴板"组中单击"复制"按钮,然后在目标插入点单击"开始"选项卡下的"剪贴板"组中的"粘贴"按钮。

方法三:选择要复制的文本,按下【Ctrl】+【C】组合键,然后定位文本插入点,按【Ctrl】+【V】组合键粘贴文本。

方法四:选择要复制的文本,按下鼠标右键不放,拖动到达目标插入点,释放鼠标右键后弹出一个快捷菜单,然后在快捷菜单中选择"复制到此位置"命令。

方法五:选择要复制的文本,按下【Ctrl】键不放,将其拖到目标位置即可。

4. 查找与替换文本

在 Word 中可以通过查找和替换功能快速定位到某个字符或短句的位置,或批量查找或替换文档中的某个词语或句子,以节省时间并避免遗漏。

【例 5-2】 打开"WORD 素材"文件夹中的"WORD5_2.docx"文件,查找文中所有错词"鹰洋",再全部替换为"营养"。

具体操作步骤如下:

① 将文本插入点定位于文档中,在"开始"选项卡下的"编辑"组中单击"查找"窗口向下箭头按钮,在弹出的下拉菜单中选择"查找"命令。

② 在文档左侧打开"导航"窗口,在文本框中输入"鹰洋",按回车键,系统会将文本中所有符合条件的文本以黄底黑字突显出来,如图 5-32 所示。

③ 在"开始"选项卡下的"编辑"组中单击"查找"窗口向下箭头按钮,在弹出的下拉菜单中选择"高级查找"命令。

④ 在弹出的"查找和替换"对话框中选择"替换"选项卡,在"替换"文本框中输入"营养",如图 5-33 所示,然后单击"全部替换"按钮,即可将文档中所有的"鹰洋"替换为"营养"。

图 5-32 查找文档中"鹰洋"两字　　　　图 5-33 将文本中的"鹰洋"替换为"营养"

5. 撤销与恢复文本

Word 2016 有自动记录功能,在编辑文档时执行了错误操作后可进行撤销,单击快速访问工具栏中的"撤销"按钮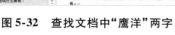。在编辑文档时执行了错误操作后也可以恢复被撤销的操作,单击快速访问工具栏中的"恢复"按钮。

5.1.5 小结练习

1. 打开"WORD 素材\练习"文件夹中的"科技新闻 1.docx"文件,添加标题"中国散裂中子源多物理谱仪成功出束"。
2. 练习选定文本的各种方法。
3. 练习使用快捷键完成文本的移动和复制操作。
4. 练习使用鼠标拖动的方法完成文本的移动和复制操作。
5. 将文中所有的"散列"替换成"散裂"。

5.2　Word 2016 的文档排版

学习目标

- 掌握文字的字体、字形、字号和颜色等的设置方法。
- 掌握段落对齐方式、缩进、间距等的设置方法。
- 掌握首字下沉的设置方法。
- 掌握边框和底纹的设置方法。
- 掌握插入项目符号的方法。

5.2.1　设置字符格式

在编辑 Word 文本的过程中,用户可以通过设置字符格式对文本的字体、字号、颜色等参数进行设置,使得文字效果更加突出,文档更加美观。在 Word 2016 中设置字符格式主要有以下三种方法。

1. 使用"字体"功能区工具栏设置

选中要进行设置的文本,在 Word 的"开始"选项卡下的"字体"组中可以设置文本的字符格式,包括字体、字号、字形等,如图 5-34 所示。选择要进行设置的文本,单击"字体"组中的相应按钮进行相应的设置。

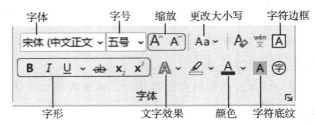

图 5-34　"字体"组

其中部分选项含义如下：
- 字体：指文字的外观，如宋体、黑体、楷体等，默认字体为宋体。
- 字号：指文字的大小，默认为五号，其度量单位有"字号"和"磅"两种，字号越大字越小，磅值越大字越大。
- 字形：指文字的一些特殊外观，如加粗、倾斜、下划线、删除线、下标、上标等。
- 边框：指直接给文字设置边框。
- 给中文字加拼音：在制作文档时若需要给中文添加拼音，可选择需要添加拼音的文本，在"开始"选项卡下的"字体"组中单击"拼音指南"按钮，打开"拼音指南"对话框。在"基准文字"下方的文本框中显示选择要添加拼音的文字，在"拼音文字"下方的文本框中显示基准文字栏中对应的拼音，在"对齐方式""偏移量""字体""字号"列表框中可调整拼音的显示方式。
- 文本效果：可以为文本添加图像效果，单击 按钮，在打开的下拉列表中选择需要的文本效果即可，如轮廓、阴影、发光、映像等，如图5-35所示。

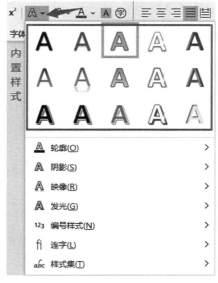

图 5-35　文本效果设置

2. 使用浮动工具栏设置

选中要进行设置的文本，此时选中文本区域的右上角，将会出现一个字体格式设置浮动工具栏，使用此工具栏同样可以对文本格式进行设置。

3. 使用"字体"对话框设置

在 Word 的"开始"选项卡下的"字体"组中单击右下角的 按钮，或在选中文本区域单击鼠标右键，在弹出的快捷菜单中选择"字体"命令，或按【Ctrl】+【D】组合键，打开"字体"对话框。在"字体"对话框的"字体"选项卡中可以设置字体格式，如字体、字形、字号、字体颜色、下划线、着重号、上标、下标等，如图5-36 所示。

图 5-36　"字体"选项卡

单击"字体"对话框下面的"文字效果"按钮，在弹出的对话框中可以对文本填充与轮

121

廊进行设置，如图 5-37 所示，也可以对文本进行阴影、映像、发光、三维格式等效果的设置，如图 5-38 所示。

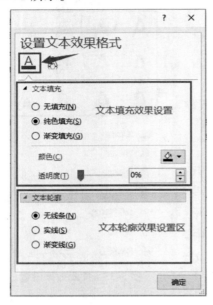

图 5-37　设置文本效果 1

图 5-38　设置文本效果 2

在"字体"对话框的"高级"选项卡下可以设置字符间距、缩放、位置等，可以预览设置字体后的效果，如图 5-39 所示。

图 5-39　"高级"选项卡

"高级"选项卡中常用选项含义如下：
- 缩放：指在水平方向上扩展或压缩文字，默认字符缩放是100%，表示正常大小，当比例大于100%时字符趋于宽扁，当比例小于100%时字符趋于瘦高。
- 间距：指文字字符之间的距离，包括"标准""加宽""紧缩"三个选项，默认间距是"标准"，可通过输入"磅值"设置加宽或紧缩的具体值。
- 位置：指调整字符在文本行中的高低，包括"上升""标准""下降"三种。

【例5-3】 打开"WORD素材"文件夹中的"WORD5_3.docx"文件，将标题文字设置为黑体、三号、红色、加粗、字符间距加宽4磅，并添加蓝色波浪下划线，设置标题映像效果为"紧密映像:4pt 偏移量"。

具体操作步骤如下：

① 选中标题段文字，在选中文本区域右击鼠标，在弹出的快捷菜单中选择"字体"命令，打开"字体"对话框。

② 在"字体"选项卡中可以设置"中文字体"为"黑体"，设置"字形"为加粗，设置字号为"三号"，"字体颜色"为"红色"，设置下划线线型为单波浪线，下划线颜色为"蓝色"，如图5-40所示。

③ 单击"文字效果"按钮，弹出"设置文本效果格式"对话框，切换到"文本效果"选项卡，单击"映像"将其展开，在"预设"下拉列表中选择"紧密映像:4pt 偏移量"，如图5-41所示。

④ 返回到"字体"对话框，切换到"高级"选项卡，设置"间距"为"加宽"，设置其"磅值"为"4磅"，如图5-42所示。

⑤ 最后单击"确定"按钮。

图 5-40　字体格式设置

图 5-41　文本效果设置

图 5-42　字体缩放设置

5.2.2　设置段落格式

在 Word 文档中,段落可以是文字、图像及其他对象的集合。可以通过设置段落对齐方式、缩进、行间距等段落格式,使文档的结构更加清晰,层次更加分明。回车符 ↵ 是段落结束的标记。

1. 设置段落对齐方式

段落对齐方式主要包括左对齐、居中对齐、右对齐、两端对齐、分散对齐等几种。具体设置方法如下:

方法一:使用"段落"功能区工具栏。选择要编辑的段落,在"开始"选项卡下的"段落"组(图 5-43)中单击相应的对齐按钮。

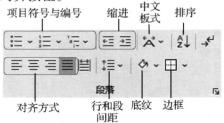

图 5-43　"段落"组

方法二:使用"段落"对话框。选择要编辑的段落,单击"段落"组右下方的按钮,打开"段落"对话框,在"缩进和间距"选项卡的"对齐方式"下拉列表中设置段落对齐方式。

2. 设置段落缩进

段落缩进是指段落与页面左右边缘的距离。常见的段落缩进方式有左缩进、右缩进、首行缩进、悬挂缩进和对称缩进5种方式。具体设置方法如下:

方法一:使用"段落"对话框。选择要编辑的段落,单击"段落"组右下方的按钮,打开"段落"对话框,在该对话框"缩进和间距"选项卡中,设置首行文本的缩进,可以在"特殊格式"下拉列表中选择;设置整个段落所有文本行的缩进,可以在"缩进"选项区域中的"左侧"或"右侧"文本框中输入缩进相应值。

方法二:使用标尺。首先,在"视图"选项卡下的"显示"组中单击选中"标尺"复选框,显示标尺。选择要编辑的段落,拖动文档上方标尺上的各个缩进滑块,可以直观地调整段落缩进。其中,▽表示首行缩进,△表示左缩进,△表示右缩进,如图5-44所示。

图 5-44 标尺

3. 设置段落缩进间距

段落间距的设置包括段间距与行间距的设置。段间距指的是相邻段落与段落之间的距离,而行间距指的是段落中行与行之间的距离。具体设置方法如下:

方法一:使用"段落"功能区工具栏。选择要编辑的段落,在"开始"选项卡下的"段落"组中单击"行和段落间距"按钮,在打开的下拉列表中可直接选择"2.0"等行距倍数选项。

方法二:使用"段落"对话框。选择要编辑的段落,单击"段落"组右下方的按钮,打开"段落"对话框,在"缩进和间距"选项卡的"间距"栏中输入"段前"或"段后"的间距数值,在"行距"下拉框中选择需要的行间距,如"单倍行距""1.5倍行距""固定值"等。

【例5-4】 打开"WORD素材"文件夹中的"WORD5_4.docx"文件,将标题段文字居中,段后间距为0.5行;正文所有段落首行缩进2字符,行距为固定值18磅。

具体操作步骤如下:

① 选中标题段文本。在选中文本区域单击鼠标右键,在弹出的快捷菜单中选择"段落"命令,打开"段落"对话框。

② 在"缩进和间距"选项卡中,设置"常规"栏中的对齐方式为"居中",设置"间距"栏中段后间距为0.5行。

③ 选中正文文本,打开"段落"对话框。

④ 在"缩进和间距"选项卡中的"缩进"选项组中,设置"特殊格式"为"首行","缩进值"为"2字符"。在"间距"选项组中,设置"行距"为"固定值",其"设置值"为"18磅"。

⑤ 单击"确定"按钮,完成设置。

5.2.3 设置边框与底纹

在 Word 中可以为字符和段落设置边框和底纹来达到美化或突出重点的目的。为段落设置边框和底纹有以下两种方法。

方法一:使用"段落"功能区工具栏。选定要进行设置的文字或段落,在"开始"选项卡下的"段落"组中,单击"边框"按钮,在弹出的下拉列表中根据需求选择对应边框设置的命令,可以快速对边框进行设置。

方法二:使用"边框和底纹"对话框。选定要设置的文字或段落,在"设计"选项卡下的"页面背景"组中单击"页面边框"按钮,弹出"边框和底纹"对话框,分别在对话框的"边框"选项卡和"底纹"选项卡中对选定文本进行相关设置。

【例 5-5】 打开"WORD 素材"文件夹中的"WORD5_5.docx"文件,设置标题段边框为方框、蓝色、宽度为 1.5 磅,底纹填充为"茶色,背景 2,深色 10%"。

具体操作步骤如下:

① 选中标题段文字,在"设计"选项卡下的"页面背景"组中单击"页面边框"按钮,弹出"边框和底纹"对话框。

② 在"边框"选项卡中对标题的边框进行设置,具体设置参数如图 5-45 所示。在"底纹"选项卡中对标题的底纹进行设置,具体设置参数如图 5-46 所示。

③ 单击"确定"按钮,完成设置。

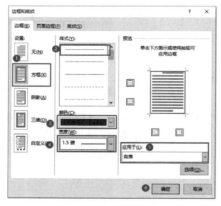

图 5-45 设置段落边框

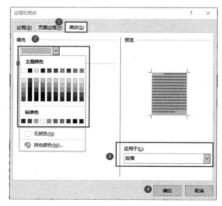

图 5-46 设置段落底纹

5.2.4 设置段落首字下沉

首字下沉是指将文档段落的第一个字放大以突出显示,并进行下沉或悬挂的一种效果,这种方式通常用于报刊中。具体的操作方法是:选择要设置首字下沉的段落,在"插入"选项卡下的"文本"组中单击"首字下沉"下拉按钮,在打开的列表中选择所需的样式;也可选择"首字下沉选项",弹出"首字下沉"对话框,若需要设置字符的普通下沉方式,只需要在"位置"选项组中单击"下沉"按钮,然后根据用户需求在"选项"组中对首字下沉参数进行详细设置。

【例 5-6】 打开"WORD 素材"文件夹中的"WORD5_6.docx"文件,将正文的第一段设置下沉缩进 2 字符,字体为黑体,距正文 0.2 厘米。

具体操作步骤如下:

① 选中文档正文的第一段。

② 在"插入"选项卡下的"文本"组中单击"首字下沉"下拉按钮,在打开的列表中选择"首字下沉选项",如图 5-47 所示,弹出"首字下沉"对话框,在"位置"区选择"下沉",在"选项"中的"字体"下拉列表中选择"黑体","下沉行数"设置为"2","距正文"设置为"0.2 厘米",如图 5-48 所示。

③ 单击"确定"按钮完成设置。

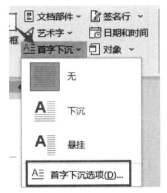

图 5-47 选择"首字下沉选项"

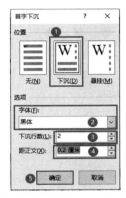

图 5-48 "首字下沉"对话框

5.2.5 设置项目符号与编号

在 Word 文档中,如果此文档的内容过长而且具有一定的条理性,可以使用 Word 的项目符号和编号功能,对文档内容进行组织排版,使文档层次分明、条理清晰。

1. 添加项目符号

选中需要添加项目符号的段落,在"开始"选项卡下的"段落"组中,单击"项目符号"按钮右侧的下拉按钮,在打开的下拉列表中选择需要的项目样式,如图 5-49 所示,即可为段落自动添加项目符号。

除了可以使用系统提供的项目符号以外,用户还可以选择下拉列表中的"定义新项目符号",使用自定义的图片、剪贴画等多媒体对象自定义项目符号。

2. 添加编号

选中需要添加项目符号的段落,在"开始"选项卡的"段落"组中,单击"编号"按钮右侧的下拉按钮,在打开的下拉列表中选择某一种编号,如图 5-50 所示,即可为段落自动添加编号。同样地,用户也可以选择下拉列表中的"定义新编号格式"使用自定义编号样式。

3. 设置多级列表

在制作规章制度时可以通过设置多级列表的方法为文档段落设置各种级别的编号。

先选择需要设置的段落,在"开始"选项卡下的"段落"组中,单击"多级列表"按钮右侧的下拉按钮,在打开的下拉列表中选择某一种编号,也可以自定义新的多级列表。对段落设置多级列表后默认各段级别是相同的,可以依次在下一级段落编号后面按一下【Tab】键,对当前段落编号进行降级操作;按【Shift】+【Tab】组合键,对当前段落编号进行升级操作。

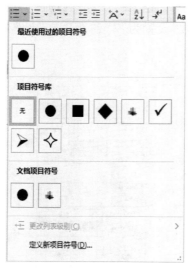

图 5-49　添加项目符号

图 5-50　添加编号

5.2.6　设置分栏

分栏是指将页面或者段落划分为若干栏,这些栏宽可以相等,也可以不等。选择要分栏的文本,在"布局"选项卡的"页码设置"组中单击"栏"按钮,在打开的下拉列表中选择分栏的数目,也可以在下拉列表中选择"更多栏"选项,打开"栏"对话框,在对话框的"预设"栏中可选择预设的栏数,或在"栏数"数值框中输入设置的栏数,在"宽度和间距"栏中设置栏之间的宽度与间距。

【例 5-7】　打开"WORD 素材"文件夹中的"WORD5_7.docx"文件,将正文第一段分为两栏,第 1 栏栏宽为 10 字符,第 2 栏栏宽为 28 字符,栏间加分隔线。

具体操作步骤如下:

① 选中正文第一段("星星连珠"时,……特别影响。),切换到"布局"选项卡,在"页面设置"组中单击"栏"下拉按钮,在下拉列表中选择"更多栏",弹出"栏"对话框。

② 在"预设"选项组中选择"两栏",勾选"分隔

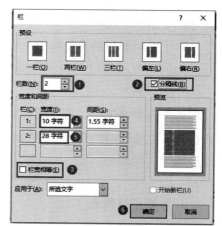

图 5-51　"栏"对话框参数设置

线"复选框;再取消勾选"栏宽相等"复选框,设置第 1 栏宽度为"10 字符"、第 2 栏宽度为"28 字符",如图 5-51 所示。

③ 单击"确定"按钮完成设置。

设置分栏时要注意以下几点:

- 在分栏操作前,首先必须选中分栏的对象,可以是整个文档的内容,也可以是一篇内容或者一段内容。
- 如果需要给文档最后一段内容进行分栏,文档尾部的回车符不能选中在内。
- 如果要取消分栏,打开"栏"对话框,在"预设"选项组中选择"一栏"选项;或者在"页面设置"组中单击"栏"按钮,在弹出的下拉列表中选择"一栏"命令即可。

5.2.7 设置超链接

使用 Word 编辑文档,有时候需要某些内容能够快速地访问现有文件或网页、本文档中的位置、新建文档、电子邮件地址,这种功能在 Word 里面是可以实现的,这就是利用了 Word 自带的超链接功能。超链接设置的方法主要有以下两种。

方法一:在文本编辑区右击鼠标,在弹出的快捷菜单中选择"链接"命令,弹出"插入超链接"对话框,如图 5-52 所示。

方法二:单击"插入"选项卡下的"链接"组中的"链接"按钮,弹出"插入超链接"对话框,根据需求设置需要转到的位置。

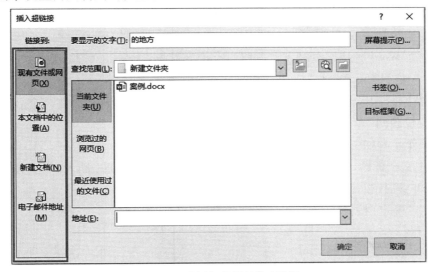

图 5-52 "插入超链接"对话框

【例 5-8】 打开"WORD 素材"文件夹中的"WORD5_8.docx"文件,为正文第一段中"高校科研经费排行榜"一段文字加超链接,地址为"http://www.uniranks.edu.cn"。

具体操作步骤如下:

① 选中正文中文字"高校科研经费排行榜",单击"插入"选项卡下的"链接"组中的"链接"按钮,弹出"插入超链接"对话框。在链接到中选择"现有文件或网页",在"地址"

文本框中输入链接到的网址"http://www.uniranks.edu.cn"。

② 单击"确定"按钮。

5.2.8 设置脚注和尾注

在 Word 中,使用脚注和尾注可以对文本进行有效的补充说明,或者对文档中引用的信息进行解释说明。脚注一般位于要插入脚注当前页面的底部,主要用于对文本某处内容进行解释;而尾注一般位于整篇文档的末尾,主要用于列出引文的出处等。

1. 插入脚注和尾注

插入脚注和尾注的方法是:选择"引用"选项卡,在"脚注"组中单击"插入脚注"或"插入尾注"按钮,如图 5-53 所示,即可在当前页面底端或整篇文档的末尾出现一个脚注或尾注编辑区,并自动添加了脚注和尾注编号。这时在编辑区域直接输入文本,便可完成脚注或尾注的插入。

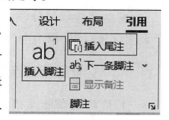

图 5-53 "脚注"组

2. 编辑脚注和尾注

插入了脚注或尾注后,还可以对其进行进一步编辑,包括移动、复制或删除等。实际上这些都是针对注释标记进行的,因此要进行移动、复制或删除,首先要在文档中选择注释标记。而一旦对标记做了修改,系统会自动调整其编号。

(1) 要移动脚注或尾注,可以把注释标记拖到另一位置。

(2) 要复制脚注或尾注,可以在按住【Ctrl】键的同时,再移动注释标记。

(3) 要删除脚注或尾注,可以在选择了注释标记后,按下【Delete】键。

注意 在 Word 文档正文部分真正引用的并不是脚注或尾注本身,而是脚注或尾注的编号,而这个编号是由 Word 自动维护的。

【例 5-9】 打开"WORD 素材"文件夹中的"WORD5_9.docx"文件,为标题添加脚注"来源:高校校园网"。

具体操作步骤如下:

① 选中文档标题,切换到"引用"选项卡,单击"脚注"组中的"插入脚注"按钮,输入脚注内容"来源:高校校园网"。

② 单击"确定"按钮。

5.2.9 小结练习

1. 打开"WORD 素材\练习"文件夹中的"铁人.docx"文件,将标题段设置为楷体、三号、加粗、居中;将文本效果设置为"填充-红色,着色,轮廓-着色 2",并设置其阴影效果为"透视:右下对角透视"、阴影颜色为紫色(标准色);然后将标题段文字间距紧缩 1.3 磅。为标题添加脚注"来源:学习强国网"。

2. 将正文各段落中的中文字设置为仿宋、五号,西文字设置为 Times New Roman、五号,各段落左右各缩进 0.5 厘米、首行缩进 2 字符,行距设置为 1.25 倍,并将其中的"王进喜"加着重号"．"。

3. 将正文第一段分为等宽两栏,栏宽为 16 字符,栏中间加分隔线。
4. 设置正文第二段至第三段项目符号为"●"。
5. 将第一段中"王进喜"文字加上超链接,地址为"https://baike.baidu.com"。

5.3　Word 2016 的表格应用

为了增强文档的条理性和简明性,常常需要在文本中制作各种各样的表格,并对表格中的数据进行处理。

学习目标

- 掌握表格的创建方法。
- 掌握表格中数据的输入与编辑。
- 掌握表格的编辑与修饰方法。
- 掌握表格数据的排序与计算方法。

5.3.1　创建表格

在 Word 中创建表格的方法有很多种,常用的主要有以下几种。

1. 快速创建简单表格

如果用户需要创建的表格比较简单,行列数在 8 行 10 列以内,可以通过虚拟表格区域来完成。具体方法是:将插入点定位在文档中要插入表格的位置,在"插入"选项卡下的"表格"组中单击"表格"按钮,在打开的下拉列表中的虚拟表格区域移动鼠标指针,此时呈现黄色边框显示的单元格为将要插入的单元格,如图 5-54 所示,单击鼠标左键,即完成插入操作。

2. 使用"插入表格"对话框

如果用户要创建的表格的行列数过多,可以通过"插入表格"对话框来完成。具体方法是:将光标定位在文档中要插入表格的位置,在"插入"选项卡下的"表格"组中单击"表格"按钮,在下拉列表中选择"插入表格"选项,打开"插入表格"对话框,在其中设置表格行数和列数后,单击"确定"按钮,如图 5-55 所示。

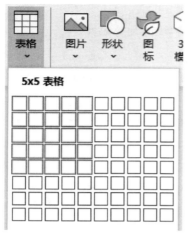

图 5-54　快速插入表格

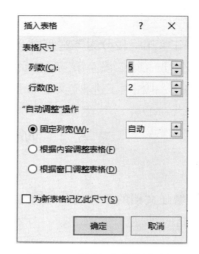

图 5-55　"插入表格"对话框

【例 5-10】　打开"WORD 素材"文件夹中的"WORD5_10.docx"文件,创建如图 5-56 所示的公司年度业绩统计表。

公司年度业绩统计表

	第一季	第二季	第三季	第四季
部门 B	200000	70000	85000	130000
部门 D	140000	75000	77000	135000
部门 A	120000	60000	80000	150000
部门 C	100000	80000	76000	135000

图 5-56　公司年度业绩统计表

具体操作步骤如下:

① 打开文档"WORD4.docx",选择"插入"选项卡的"表格"组中的"表格"按钮,在弹出的下拉列表中直接用鼠标拖出一个 5 行 5 列的表格结构,并在表格中输入相应内容。

② 保存文档。

③ 在表格中输入相应内容。

3. 使用"绘制表格"工具

使用"绘制表格"工具可以创建不规则的复杂的表格,如在表格中添加斜线等,而且可以使用鼠标灵活地绘制不同高度或每行包含不同列数的表格。具体方法是:将光标定位在文档中要插入表格的位置,选中"插入"选项卡,在"表格"组中单击"表格"按钮,在弹出的下拉列表中选择"绘制表格"命令,鼠标将变成笔形指针,将指针移到文本区中,从表格的一角拖动至其对角,可以确定表格的外围边框。在创建的外框或已有表格中,利用笔形指针绘制行线和列线。绘制完成后,按【Esc】键,退出绘制状态。

4. 将已有文本转换成表格

在使用 Word 排版或者编辑文档的过程中,对一些有规则排列的文本,可以将它转化成表格形式,特别是一些数据文本,转化后便于进一步计算和处理。

【例 5-11】　打开"WORD 素材"文件夹中的"WORD5_11.docx"文件,将文中后 7 行文字转换成一个7行4列的表格。

具体操作步骤如下：

① 打开"WORD 素材"文件夹中的"WORD5_11.docx"文件。选中文档中后7行文字，切换到"插入"选项卡，单击"表格"组中的"表格"下拉按钮，在下拉列表中选择"文本转换成表格"命令，弹出"将文字转换成表格"对话框，如图5-57所示。

② 在"文字分隔位置"选项组中选择所需选项，因该文本中的每一句都是用制表符分隔开的，所以在这里应选择"制表符"单选项。表格文本各列之间除了用制表符分隔外，还可以使用英文的"逗号""空格字符"或其他指定的字符来分隔，Word 按照换行符和分隔符自动计算表格的行列数。

③ 单击"确定"按钮，即可完成文本到表格的转换。

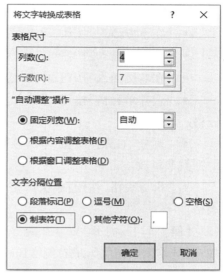

图5-57 "将文字转换成表格"对话框

5.3.2 编辑表格

表格创建后，根据实际情况对现有结构进行调整。

1. 选择表格对象

选择表格主要包括选择单元格、行、列和整张表格等，具体操作方法如下：

- 选择单个单元格：将鼠标指针移到单元格左边，当其变为向右指向的黑色箭头时单击。
- 选定行：移动鼠标指针到表格的左边，当其变为向右指向的空心箭头时单击。
- 选定列：移动鼠标指针到要选定列的顶端，当其变为向下指向的黑色箭头时单击。
- 选定整张表格：将鼠标指针移动到表格内，在表格左上角会出现表格移动控点，单击表格左上方出现的一个双向箭头的十字框 ⊞，即可选定整张表格。

2. 布局表格

布局表格主要包括插入、删除、合并和拆分等内容。布局对象可以是表格的单元格、行、列。布局主要是通过"表格工具—布局"选项卡下的"行和列"组和"合并"组中的相关参数设置完成，如图5-58所示。其中部分参数介绍如下：

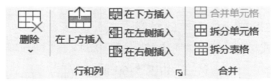

图5-58 表格布局的各参数

- "删除"按钮：单击该按钮，可在打开的下拉列表中执行删除单元格、删除行、删除列、删除表格的操作。其中,删除单元格时,会打开"删除单元格"对话框,要求设置单元格被删除后剩余单元格的调整方法。

- "在上方插入"按钮:单击该按钮,可在所选行的上方插入新行。
- "在下方插入"按钮:单击该按钮,可在所选行的下方插入新行。
- "在左侧插入"按钮:单击该按钮,可在所选行的左侧插入新列。
- "在右侧插入"按钮:单击该按钮,可在所选行的右侧插入新列。
- "合并单元格"按钮:单击该按钮,可将所选的多个连续的单元格合并为一个新单元格。
- "拆分单元格"按钮:单击该按钮,将打开"拆分单元格"对话框,在其中设置拆分后的列数和行数。
- "拆分表格"按钮:单击该按钮,可在所选单元格处将表格上下拆分为两个独立的表格。

【例5-12】 打开"WORD 素材"文件夹中的"WORD5_12.docx"文件,在表格最下面增加一行"季度平均值",最右侧增加一列"全年合计"。

具体操作步骤如下:

① 选中表格"部门 D"这一行。

② 在"表格工具—布局"选项卡的"行和列"组中单击"在下方插入"按钮,即可在表格最下方新增一行。在增加的这一行的行首单元格中输入文字"季度平均值"。

③ 选择表格"第四季度"这一列。

④ 在"表格工具—布局"选项卡下的"行和列"组中单击"在右侧插入"按钮,即可在表格最右侧新增一行。在增加的这一列的列首单元格中输入文字"全年合计"。表格布局后效果如图5-59所示。

	第一季	第二季	第三季	第四季	全年合计
部门 A	120000	60000	80000	150000	
部门 B	200000	70000	85000	130000	
部门 C	100000	80000	76000	135000	
部门 D	140000	75000	77000	135000	
季度平均值					

图5-59 公司年度业绩统计表格布局后效果图

5.3.3 设置表格

1. 设置单元格对齐方式

单元格对齐方式是指单元格文本的对齐方式。设置方法为:选择需设置对齐方式的单元格,在"表格工具—布局"选项卡下的"对齐方式"组中单击相应按钮,如图5-60所示,可以设置单元格文字的对齐方式、文字方向,还可以设置单元格边距。

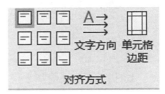

图5-60 "对齐方式"组

2. 设置边框和底纹

与文本编辑相同,对表格中的单元格同样也可以进行边框和底纹的设置。在"表格工具—表设计"选项卡下的"边框"组中单击"边框样式"下拉按钮,在打开的下拉列表中选择相应的边框样式;在"表格工具—表设计"选项卡下的"表格样式"组中单击"样式"下拉按钮,在打开的下拉列表中选择相应的底纹颜色。

3. 套用表格样式

除了通过设置表格的边框底纹来美化表格外,还可以直接应用系统预设的表格样式来快速美化表格。将光标定位至或选中需要设置样式的单元格或单元格区域,在"表格工具—表设计"选项卡下的"表格样式"组中单击右下方的下拉按钮,在打开的列表口选择所需的表格样本,即可将其应用到所选表格中。

4. 设置单元格大小

单元格大小包括单元格的行高和列宽,如果需要调整,既可以通过鼠标手动调整,也可精准调整。常用的方法有以下三种。

方法一:拖动鼠标设置。将鼠标指针移到行线或列线上,通过横向或纵向拖动鼠标,即可调整行高和列宽。

方法二:使用"单元格大小"功能组。将光标定位到需要调整大小的单元格内,选择"表格工具—布局"选项卡,在"单元格大小"组中分别输入宽度和高度值。

方法三:使用"表格属性"对话框。将光标定位到需要调整大小的单元格内,单击鼠标右键,在弹出的快捷菜单中选择"表格属性"命令,可以切换到"表格""行""列""单元格"等各个选项卡下,分别设置其大小。

【例 5-13】 打开"WORD 素材"文件夹中的"WORD5_13.docx"文件,在公司年度业绩统计表格中,设置表格的第 1 列和第 6 列列宽为 2.5 厘米,其余各列列宽为 2 厘米,行高为 0.6 厘米;设置表格居中,表格中所有文字中部居中;设置表格外边框为 1.5 磅黑色双实线、内边框为 1 磅蓝色单实线,第 1 行下边框线为 1.5 磅黑色单实线,表格第 1 行填充色为"深蓝,文字 2,淡色 80%"。

具体操作步骤如下:

① 选中表格第 1 列和第 6 列,在"表格工具—布局"选项卡下的"单元格大小"组的 ↔ 后输入表格列宽 2.5 厘米。

② 选中表格其他列,在"表格工具—布局"选项卡下的"单元格大小"组的 ↔ 后输入表格宽度 2 厘米。

③ 单击表格左上角的双向箭头的十字框 ✥,选中整张表格,在"表格工具—布局"选项卡下的"单元格大小"组的 ↕ 后输入表格高度 0.6 厘米。

④ 选中表格区域并单击鼠标右键,在弹出的快捷菜单中选择"表格属性"命令,弹出"表格属性"对话框,在"表格"选项卡的"对齐方式"栏中选择"居中"。

⑤ 选择表格所有内容,切换"表格工具—布局"选项卡,在"对齐方式"组中选择中部对

齐方式 =。

⑥ 选中整张表格，切换"表格工具—表设计"选项卡，在"边框"组中先设置 1.5 磅黑色双实线，再单击"边框"下拉按钮，在弹出的下拉列表中选择"外侧框线"。先设置 1 磅蓝色单实线，再单击"边框"下拉按钮，在弹出的下拉列表中选择"内部框线"。

⑦ 选中表格的第 1 行，在"表格工具—表设计"选项卡下的"边框"组中先设置 1.5 磅黑色单实线，再单击"边框"下拉按钮，在弹出的下拉列表中选择"下框线"。

⑧ 选中表格的第 1 行，在"表格工具—表设计"选项卡下的"表格样式"组中单击"底纹"下拉按钮，在弹出的下拉列表中的"主颜色"里选择"深蓝，文字 2，淡色 80%"。表格编辑效果如图 5-61 所示。

	第一季	第二季	第三季	第四季	全年合计
部门 A	120000	60000	80000	150000	
部门 B	200000	70000	85000	130000	
部门 C	100000	80000	76000	135000	
部门 D	140000	75000	77000	135000	
季度平均值					

图 5-61　公司年度业绩统计表格设置后效果图

5.3.4　表格中数据的处理

1. 表格中数据的排序

在 Word 中，表格可根据某几列的内容按字母顺序、数字大小或日期先后进行升序或降序排序。可以选择任意列排序，当该列（称为主关键字）内容有多个相同的值时，则根据另一列（称为次关键字）排序，以此类推，最多可选择三个关键字排序。表格中数据排序方法很简单，选定要进行排序的单元格区域，单击"表格工具—布局"选项卡下的"数据"组中的"排序"下拉按钮，在弹出的"排序"对话框中根据需要进行主要关键字和次要关键字等设置。

【例 5-14】　打开"WORD 素材"文件夹中的"WORD5_14.docx"文件，在 2016 年里约热内卢奥运会奖牌表中，以金牌数为主要关键字、降序，银牌数为次要关键字、降序，铜牌数为第三关键字、降序，对 9 个国家进行排序。

具体操作步骤如下：

① 打开"WORD 素材"文件夹中的"WORD5_14.docx"文件，单击表格任一单元格，在"表格工具—布局"选项卡下的"数据"组中单击"排序"按钮，弹出"排序"对话框。

② 在"排序"对话框的"列表"选项组中选中"有标题行"单选按钮，设置"主要关键字"为"金牌数"、"类型"为"数字"，选中"降序"单选按钮，设置"次要关键字"为"银牌数"、"类型"为"数字"，选中"降序"单选按钮，设置，"第三关键字"为"铜牌"、"类型"为"数字"，选中"降序"单选按钮。

③ 单击"确定"按钮,完成排序(图5-62)。
④ 保存文档。

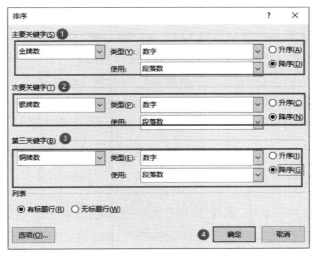

图 5-62 "排序"对话框

2. 表格中数据的计算

和 Excel 类似,对 Word 表格中的每个数据,也可以使用一个单元格地址来进行标识,标识的方法是,行号使用 1,2,3,…,列标使用 A,B,C,…,如图 5-63 所示。这样,对表格中数据的计算,就可以直接引用单元格地址来实现。

	第一季	第二季	第三季	第四季	全年合计
部门 B	200000	70000	85000	130000	
部门 D	140000	75000	77000	135000	
部门 A	120000	60000	80000	150000	
部门 C	100000	80000	76000	135000	
季度平均值					

图 5-63 表格单元格标识

例如,要对图 5-63 所示数据求季度平均值,只需要将光标插入需要显示结果的单元格中,在"表格工具—设计"选项卡下的"数据"组中单击 fx "公式"按钮,打开"公式"对话框,在"公式"文本框中输入公式,并在"编号格式"中选择数据格式的输出格式,如图 5-64 所示。

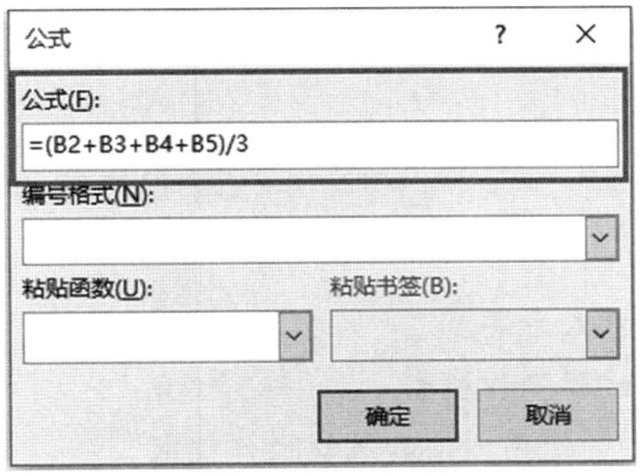

公式(F):
=(B2+B3+B4+B5)/3

图 5-64 使用公式计算

除了手动编写公式外,在"公式"对话框中 Word 提供了许多常用数学函数供使用,对计算的结果可以通过公式进行设置。单击对话框中"粘贴函数"下拉列表框右侧的下拉按钮,从弹出的下拉列表中选择需要的函数,然后设置其参数。

需要说明的是,运算函数的参数有 LEFT、RIGHT、ABOVE、BELOW。LEFT 表示对当前单元格的左边进行计算;RIGHT 表示对当前单元格的右边进行计算;ABOVE 表示对当前单元格的上边进行计算;BELOW 表示对当前单元格的下边进行计算。

【例 5-15】 打开"WORD 素材"文件夹中的"WORD5_15.docx"文件,在公司年度业绩统计表格中计算"全年合计"列的值。

具体操作步骤如下:

① 打开"WORD 素材"文件夹中的"WORD5_15.docx"文件,将光标定位到"全年合计"列的第二个单元格 F2。

② 单击"表格工具—布局"选项卡下的数据组中的"fx 公式"按钮,弹出"公式"对话框。在"公式"列表框中键入公式"=SUM(LEFT)",求部门 A 的全年合计;如果需要,可以在"数字格式"框中选择最后结果显示的数字格式。

③ 分别将光标定位到"全年合计"列的 F3 至 F5 单元格,重复操作步骤②,完成表格统计计算。

④ 保存文档。

5.3.5 小结练习

(1)打开"WORD 素材\练习"文件夹中的"《计算机应用基础》课程说明.docx"文件,将文中后 8 行文字转换为一个 8 列 5 行的表格,设置表格居中,表格第 2 列列宽为 5 厘米,其余列列宽为 2 厘米,行高为 0.6 厘米,表格中所有文字中部居中。

(2)设置表格外框线为 1.5 磅蓝色单实线、内框线为 1 磅蓝色单实线,设置表格第 1 行为"橙色,个性 6,淡色 60%"。

(3)计算"合计"行"讲课""上机""总学时"的合计值。再以"总学时"列为排序依据"主要关键字"、以"数字"类型降序排序表格。

5.4 Word 2016 的图文混排

 学习目标

- 掌握图形和图片的插入方法。
- 掌握图形的建立与编辑操作技术。
- 掌握文本框、艺术字的使用方法和编辑操作技术。

- 掌握图文混排的排版方式。

5.4.1 使用图片

1. 插入图片

文档中插入的图片不仅可以来自本地，还可以来自网络、扫描仪、截图中的图片。

（1）插入本地图片

插入本地图片是插入本地计算机硬盘中保存的图片，以及链接到本地计算机中的照相机、U盘与移动硬盘等设备中的图片。单击"插入"选项卡下的"插入"组中的"图片"按钮，在弹出"插入图片"对话框中选择图片位置与图片类型，即可插入本地图片，如图5-65所示。

（2）插入联机图片

在Word中，除了插入本地图片之外，还可以插入网络中搜索的图片。单击"插入"选项卡下的"插图"组中的"联机图片"按钮，弹出"插入图片"对话框，在"必应图像搜索"文本框中输入搜索内容，按【Enter】键后，弹出"联机图片"对话框，显示搜索到的网络图片，如图5-66所示。

图 5-65 "插入图片"对话框　　　　图 5-66 "联机图片"对话框

（3）插入屏幕截图

单击"插入"选项卡下的"插图"组中的"屏幕截屏"下拉按钮，可选择在下拉列表中可用的视图，也可以选择"屏幕剪辑"项。然后拖动鼠标在屏幕中截取相应的区域，即可将截图插入文档中。

2. 调整图片

将图片插入文档后，单击选中图片，可以利用图片四周出现的控制点实现对图片的基本调整。

（1）调整图片大小

选中图片，将光标移至图片四周的8个控制点处，当光标变为双向箭头时，按住鼠标左键拖动图片控制点，即可调整图片的大小。其中，四个角上的控制点可等比调整图片高度和宽度，不至于图片变形。也可以在"图片工具—格式"选项卡下的"大小"组中输入"宽度"和"高度"值来精准调整图片尺寸，如图5-67所示。

图 5-67 "大小"组

（2）裁切图片

选中图片，单击"图片工具—格式"选项卡下的"大小"组中的"裁剪"下拉按钮，在下拉列表中选择某一选项，可删除图片的某个部分。

3．排列图片

（1）设置图片位置

选中图片后，除了可以通过鼠标的拖曳移动位置以外，还可单击"图片工具—格式"选项卡下的"排列"组中的"位置"下拉按钮，在下拉列表中选择不同的排列方式设置图片的位置，如图5-68所示。

（2）设置环绕效果

选中图片后，可以单击"图片格式"选项卡下的"排列"组中"环绕文字"下拉按钮，在下拉列表中选择不同的环绕方式，如图5-69所示。

图5-68　图片位置下拉列表选项

图5-69　图片环绕效果下拉列表选项

（3）旋转图片

旋转图片是根据度数将图形任意向左或者向右旋转，或者在水平方向或者垂直方向翻转图形。可通过鼠标拖曳图片上方的旋转控制点，也可通过单击"图片格式"选项卡下的"排列"组中的"旋转"下拉按钮中的命令来改变图片的方向。

另外，还可以通过单击"图片工具—格式"选项卡下的"排列"组中"旋转"下拉按钮中的"其他旋转选项"选项，打开"布局"对话框，在其"大小"选项卡的"旋转"栏设置其他旋转角度。

（4）设置图片的层次

当文档中存在多幅图片时，可启用"排列"组中的"上移一层"或"下移一层"命令来设置图片的叠放次序，即将所选图片设置为置于顶层、上移一层、下移一层、置于底层或衬于文字下方。

（5）设置对齐方式

图形的对齐是指在页面中精确地设置图形位置，主要作用是使多个图形在水平或者垂直方向上精确定位,可通过"图片格式"选项卡的"排列"组中的"对齐"下拉按钮中的选项来设置图片的对齐方式。

4. 美化图片

Word 2016 提供了强大的美化图片功能,选择图片后,主要可以"图片工具—格式"选项卡下的"调整"组(图5-70)和"图片样式"组中的各个命令按钮进行各种美化操作。

图5-70 "图片格式"选项卡下的"调整"组

其中部分功能命令的作用如下:
- "校正"按钮:单击该按钮,可选择设置 Word 预设的各种锐化和柔化、亮度和对比度效果。
- "颜色"按钮:单击该按钮,可选择设置不同的饱和度和色调。
- "艺术效果"按钮:单击该按钮,可设置选择 Word 预设的不同艺术效果。
- "图片样式"下拉列表框:可快速为图片应用某种已设置好的图片样式。
- "图片效果"按钮:可为图片添加阴影、棱台、发光等效果。

【例 5-16】 打开"WORD 素材"文件夹中的"WORD5_16.docx"文件,在第二段插入图片"赵州桥.jpg",图片高度、宽度缩放比例均为30%,环绕方式为"紧密环绕",图片样式为"柔化边缘矩形",图片的艺术效果为"纹理化"。

具体操作步骤如下:

① 打开"WORD 素材"文件夹中的"WORD5_16.docx"文件,将插入点移至第二段文字中间,单击"插入"选项卡下的"插图"组中的"图片"下拉按钮,在下拉列表中选择"此设备"选项,在弹出的"插入图片"对话框中选择图片"赵州桥.jpg",单击"插入"按钮,即完成图片的插入。

② 选中插入的图片,单击"图片工具—格式"选项卡下的"大小"组右下方的扩展按钮,在弹出的"布局"对话框的"大小"选项卡中设置图片高度、宽度缩放比例均为30%,如图 5-71 所示。

③ 在"图片工具—格式"选项卡下的"排列"组中单击"环绕文字"下拉

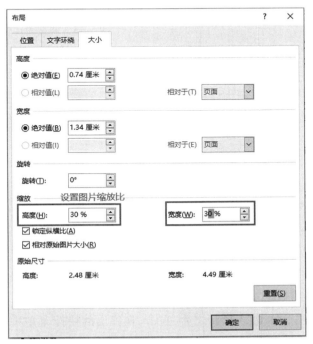

图5-71 调整图片大小

按钮,在下拉列表中选择环绕方式为"紧密环绕"。

④ 在"图片工具—格式"选项卡下的"图片样式"组中(图5-72),在"图片效果"下拉列表中选择"柔化边缘矩形"命令。

图 5-72 设置图片样式

⑤ 在"图片工具—格式"选项卡下的"调整"组中,单击"艺术效果"下拉按钮,选择"纹理化",如图 5-73 所示。

图 5-73 调整图片艺术效果

5.4.2 使用形状

Word 2016 提供了大量的形状,在文档中可以使用矩形、圆、箭头或线条等多个形状组合成一个完整的图形,用来说明文档内容中的流程、步骤等内容,从而使文档具有条理性与客观性。

1. 插入形状

在"插入"选项卡下的"插图"组中单击"形状"下拉按钮,在打开的下拉列表中选择相符的形状,此时光标将会变成"十"字形,拖动鼠标即可开始绘制相符的形状,释放鼠标即可停止绘制。

2. 设置形状格式

选择插入的形状,可按对图片操作的部分方法进行操作设置,除此之外,形状也有一些其他的不同的操作。常见的有以下几项操作。

- 插入形状之后,右击,在弹出的快捷菜单中选择"添加文字"命令,可在形状中输入文本。

- 若插入多个形状,可以将它们进行组合,组合的方式是:在选中一个图形后,按住【Ctrl】键不放,选中其他图形,单击鼠标右键,在弹出的快捷菜单中选择"组合"命令,便可实现图形的组合。
- 选中自选图形,系统会自动打开绘制形状的"形状格式"选项卡,使用该选项卡中的相应功能工具,或单击鼠标右键,在弹出的快捷菜单中选择"设置形状格式"或"其他布局选项"命令,可对自选图形样式、填充效果、环绕方式等进行设置。

【例5-17】 打开"WORD素材"文件夹中的"WORD5_17.docx"文件,在第三段右侧插入云形图形,在其中输入"坚固美观",格式为楷体、白色、四号,图形环绕方式为"四周型"。

具体操作步骤如下:

① 打开"WORD素材"文件夹中的"WORD5_17.docx"文件,单击"插入"选项卡的"插图"组中的"形状"下拉按钮,在下拉列表的基本形状栏中选择"云形"。

② 在正文第三段右侧拖曳鼠标绘制"云形"。

③ 在云形选区右击,在弹出的快捷菜单中选择"添加文字"命令,在形状中输入文本"坚固美观"。

④ 选中"云形"中文字,在"开始"选项卡下的"字体"组中设置其格式为楷体、白色、四号。

⑤ 在"图片格式"选项卡下的"排列"组中单击"环绕文字"下拉按钮,在下拉列表中选择环绕方式为"四周型"。

5.4.3 使用文本框

文本框是一种图形对象,在文本框中可以输入文本、图片、表格等内容,可以任意调整其大小,置于文档的任何位置。从文本的排列方式来看,有横排和竖排两种类型的文本框。

1. 插入文本框

选择"插入"选项卡,单击"文本"组中的"文本框"下拉按钮,如图5-74所示,在弹出的下拉列表中或选择内置样式快速生成,或选择"绘制文本框"或"绘制竖排文本框"命令,在适当位置拖动鼠标手动绘制。插入文本框后,光标将自动定位在文本框中,这时可以输入文本或插入图形,或通过拖动周围控制点来调整其大小。

图5-74 插入文本框

2. 设置文本框的格式

文本框作为一种图形对象,对它的格式设置方法与设置图片一样,可以在选定文本框的后,通过"绘图工具—格式"选项卡下进行"形状样式""艺术字样式""文本"等相应格式的设置;也可以通在选定文本框后单击鼠标右键,在弹出的快捷菜单中选择"设置形状格式"命令来完成文本框内部的文本效果格式的设置。

【例5-18】 打开"WORD素材"文件夹中的"WORD5_18.docx"文件,在右上方插入竖排文本框,输入文字"赵州桥",并设置文字格式为隶书、蓝色、二号;设置文本框填充色为"黄色、透明度80%",设置文本框线条为"红色、1.5磅、短划线";设置文本框高度为3厘米、宽度为1.5厘米;把文本框设置为顶端居右、四周型文字环绕。

具体操作步骤如下:

① 打开"WORD素材"文件夹中的"WORD5_18.docx"文件,单击"插入"选项卡的"文本"组中的"文本框"下拉按钮,在下拉列表中选择"绘制竖排文本框"。

② 在文档右侧拖曳鼠标绘制文本框,在文本框中输入文本"赵州桥"。

③ 选中文本"赵州桥",在"开始"选项卡的"字体"组中设置其格式为隶书、蓝色、二号。

④ 选中文本框,在"绘图工具—格式"选项卡"形状样式"组中"形状填充"按钮的下拉选项中选择"其他填充颜色"选项,在弹出的"颜色"对话框中选择"黄色",透明度为"80%";在"形状轮廓"按钮下拉选项中分别设置边框线条为"红色、1.5磅、短划线"。

⑤ 选中文本框,在"绘图工具—格式"选项卡"大小"组中设置高度为3厘米、宽度为1.5厘米。

⑥ 选中文本框,在"绘图工具—格式"选项卡"排列"组中,单击"位置"按钮,选择"顶端居右-四周型文字环绕"。

5.4.4 插入艺术字

为了使编辑的文档更生动和醒目,可以使用艺术字来强调一些特殊的文本内容。

1. 插入艺术字

选择"插入"选项卡,单击"文本"组中的"艺术字"下拉按钮,打开艺术字列表框,在其中选择艺术字的样式,即可完成 Word 中艺术字的插入,如图 5-74 所示。一旦插入艺术字,便可在提示文本"请在此放置您的文字"处输入文本,或通过拖动周围控制点来调整大小。

2. 设置艺术字的格式

同样,艺术字也是一种图形,选中艺术字,系统也会自动打开"形状格式"选项卡,使用该选项卡中的相应功能工具,或单击鼠标右键,在弹出的快捷菜单中选择"设置形状格式"或"其他布局选项"命令,完成对艺术字样式、填充效果、环绕方式等的设置。

【例5-19】 打开"WORD素材"文件夹中的"WORD5_19.docx"文件,在最后插入艺术字"中国桥建筑",选择第2行第2列艺术字样式。

具体操作步骤如下:

① 打开"WORD素材"文件夹中的"WORD5_19.docx"文件,将插入点定位到文档最后一行。

② 单击"插入"选项卡下的"文本"组中的"艺术"下拉按钮,选择"渐变填充:水绿色,主题5;映像"的艺术字样式。

③ 输入文本"中国桥建筑",并用鼠标把艺术字拖曳到正文的底部位置。

知识拓展

SmartArt 图形是 Word 提供的一种组合了图形和文字,具有一定布局的图形,其中包括流程图、结构图等。利用它可以很快速地制作出需要的图形。

(1) 插入 SmartArt 图形

选择"插入"选项卡,单击"插图"组中的"SmartArt"按钮,弹出"选择 SmartArt 图形"对话框,如图 5-75 所示。在左侧列表中选择需要的类型,然后再在中间窗格中进一步选择合适的图形,单击"确定"按钮便完成了插入。

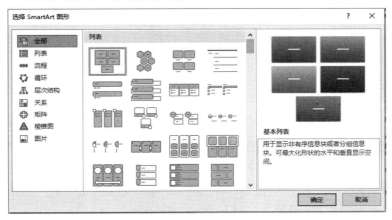

图 5-75 "选择 SmartArt 图形"对话框

(2) 设置 SmartArt 图形

若对插入的 SmartArt 图形不满意,选中 SmartArt 图形,可以在"SmartArt 工具—设计"和"SmartArt 工具—格式"选项卡中进行进一步设计。

5.4.5 小结练习

1. 打开"WORD 素材\练习"文件夹中的"刘胡兰简介.docx"文件,在文档左辺上方插入竖排文本框,输入文字"刘胡兰",并设置文字格式为二号、黑体、红色;设置文本框填充色为"深蓝,文字2,淡色80%",设置文本框线条为深蓝、1.5 磅、单实线;设置文本框高度为 5 厘米、宽度为 1.5 厘米;把文本框设置为顶端居左、四周型文字环绕。

2. 在文档最后一段右侧插入图片"刘胡兰.jpg",图片高度、宽度缩放比例均为 30%,环绕方式为"紧密环绕",图片样式为"矩形环绕",艺术效果为"马赛克气泡、透明度 80%"。

3. 在文档第一段右侧插入"双波形"图形,设置形状样式为"细微效果-红色,强调颜色2",在该形状中输入文字"生的伟大死的光荣",设置字体为二号隶书、黑色,形状环绕方式为"四周型"。

5.5 Word 2016 的页面格式设置

页面格式设置通常是对整个文档进行设置,包括页面大小、页边距、页眉/页脚、页码、水印和边框、分页等。

 学习目标

- 掌握文档的纸张大小、页面方向和页边距的设置方法。
- 掌握页眉、页脚和页码的设置方法。
- 掌握水印、颜色和边框的设置方法。
- 掌握打印预览和打印的设置方法。

5.5.1 页面设置

对文档的页面设置,包括对页边距、纸张大小、版式及文档网格等相关内容的设置,可以通过选中"布局"选项卡的"页面设置"组中的各命令按钮来完成,或通过"页面设置"对话框来完成。选中"布局"选项卡,单击"页面设置"组中最右下方的扩展按钮,便可弹出"页面设置"对话框,其中包含"页边距""纸张""布局""文档网格"四个选项卡。下面仅针对对话框中四个选项卡进行介绍。

- "页边距"选项卡:设置上、下、左、右边距和纸张的方向(纵向或横向),在"应用于"列表框中有"整篇文档""插入点之后"两个选项,用户可以按需求选择应用的范围,通常情况下(默认)选择"整篇文档"。而如果需要一个装订边,可以在"装订线"文本框中填入边距的数值,并选择装订线位置即可。
- "版式"选项卡:设置纸张大小。单击"纸张大小"列表框下拉按钮,在标准纸张的列表中选择一项(Word 中默认纸张大小为 A4)。
- "布局"选项卡:设置节、页眉和页脚在文档中的位置和编排方式,还有页面垂直对齐方式等内容。
- "文档网格"选项卡:设置文档中文字排列的方向、每页的行数和每行的字数等内容,还可设置分栏数。若需要设置每行的字符数,必须在"网格"组中选中"指定行和字符网格"单选按钮。同时,若用户想将修改后的文档网格设置为默认格式,在"文档网格"选项卡中单击"设为默认值"按钮即可。

【例 5-20】 打开"WORD 素材"文件夹中的"WORD5_20.docx"文件,将的页面纸张大小设为 A4(21 厘米×29.7 厘米),上、下页边距均为 2.5 厘米,左、右页边距均为 2.8 厘米,并在左边预留 1 厘米的装订线位置,设置页眉、页脚各距边界 2 厘米,每页 24 行。

具体操作步骤如下:

① 单击"布局"选项卡的"页面设置"组中的"纸张大小"下拉按钮,在下拉列表中选择"A4(21厘米×29.7厘米)"。

② 单击"布局"选项卡的"页面设置"组右下方的扩展按钮,在"页边距"选项卡中输入页面上、下页边距的值均为"2.5厘米",左、右页边距值均为"2.8厘米",同时设置装订线预留1厘米,装订线位置"靠左",如图5-76所示。在"布局"选项卡中的"页眉和页脚"栏中,设置页眉、页脚边距均为"2厘米",如图5-77所示。在"文档网格"选项卡的"行"栏中,设置每页24行,如图5-78所示。

③ 单击"确定"按钮,完成设置。

图5-76 设置页边距

图5-77 设置页眉、页脚边距

图5-78 设置每页行数

5.5.2 设置页眉与页脚

页眉和页脚用于显示文档的附加信息,页眉位于页面的顶部,打印在上页边距中,页脚位于页面的底部,打印在下页边距中。页眉和页脚中通常包括时间、日期、页码、文档主题、文件名和作者名等相关内容,表现形式可以是文字或者图形。

1. 插入页眉(页脚)

Word为用户提供了空白、边线型、怀旧、积分等20多种页眉和页脚样式。具体设置方法是:在"插入"选项卡的"页眉和页脚"组中选择"页眉"命令,在下拉列表中选择相应的选项,即可为文档插入页眉。同样地,选择"页脚"命令,在下拉列表中选择相应的选项,即可为文档插入页脚。

2. 编辑页眉(页脚)

不管是选择预设页眉样式还是选择列表中的"编辑页眉"命令自定义页眉样式,页眉中的内容都是空的,需要进一步对页眉内容进行编辑。编辑页眉时,系统会自动生成"页眉和页脚"选项卡,如图5-79所示。

图 5-79 "页眉和页脚"选项卡

在此功能区,对页眉的编辑主要包括以下几个方面的内容:
- "页眉和页脚"组:可以随时进行页眉、页脚和页码的切换。
- "插入"组:为页眉插入图文集,这里包括插入日期和时间、文档部件、图片和剪贴画,对它们的插入只需要单击相应的命令按钮,便可打开相应对话框或下拉列表进行进一步设置。
- "导航"组:可以单击"转至页脚"命令,进行页脚的编辑。
- "选项"组:设置页眉显示的方式,可以选择"首页不同""奇偶页不同""显示文档文字"中的一项或几项。
- "位置"组:设置页眉的边距,即页眉顶端的距离以及页脚底端的距离,还有其对齐方式(左对齐、居中或右对齐)。
- "关闭"组:设置完页眉,需要单击"关闭页眉和页脚"按钮,退出页眉编辑状态。

【例 5-21】 打开"WORD 素材"文件夹中的"WORD5_21.docx"文件,在页面顶端插入"空白型"页眉,利用"文档部件"在页眉内容处插入文档"主题"信息。

具体操作步骤如下:

① 打开"WORD 素材"文件夹中的"WORD5_21.docx"文件,单击"插入"选项卡下的"页眉和页脚"组中的"页眉"按钮,在下拉列表中选择"空白",在页眉处会有文本输入区[在此处键入]。

② 单击"在此处键入",在"页眉和页脚工具—设计"选项卡中,单击"插入"组中的"文档部件"按钮,在弹出的下拉列表中选择"文档属性",再选择"主题"。

③ 最后在"关闭"组中,单击"关闭页眉和页脚"按钮。

3. 插入页码

在使用文档时,用户往往需要在文档的某位置插入页码,以便查看与显示文档当前的页数。在 Word 中,可以将页码插入页眉与页脚、页边距与当前位置等不同的位置。如要插入页码,可以打开"插入"选项卡,在"页眉和页脚"组中单击"页码"按钮,在弹出的下拉列表中选择页码的位置和样式。如果要更改页码的样式,单击"页码"下拉列表中的"设置页码格式"命令,打开"页码格式"对话框,在其中进行设置。

【例 5-22】 打开"WORD 素材"文件夹中的"WORD5_22.docx"文件,在页面底端插入"带状物"样式页码,设置页码编号格式为"- 1 - , - 2 - , - 3 - , …",起始页码为"- 3 -"。

具体操作步骤如下:

① 打开"WORD 素材"文件夹中的"WORD5_22.docx"文件,单击"插入"选项卡的"页眉和页脚"组中的"页码"下拉按钮,在打开的预设样式中拖动滚动条找到"带状物"样式并单击,这样就会插入一个"带状物"样式的页码(图 5-80)。

② 再单击"页码"下拉按钮,在下拉列表中选择"设置页码格式"命令,弹出"页码格式"对话框,如图 5-81 所示,选择页码编号格式为"-1-,-2-,-3-,…",选中起始页码"-3-",单击"确定"按钮。

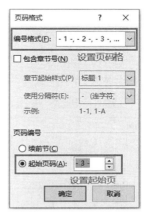

图 5-80 设置页码样式 　　　　　　　　　图 5-81 设置页码格式和起始页

5.5.3 设置水印、颜色与边框

为了使文档页面更加美观,还可以为文档添加水印、页面颜色和页面边框等。

(1)设置水印

在制作公司文档时,为表明公司文档的所有权或出处,可以为文档添加水印背景。设置水印的方法是:在"设计"选项卡的"页面背景"组中单击"水印"按钮,在打开的下列列表中选择一种水印效果即可。

(2)设置页面颜色

在"设计"选项卡的"页面背景"组中单击"页面颜色"按钮,在打开的下列列表中选择一种页面背景颜色即可。

(3)设置页面边距

在"设计"选项卡的"页面背景"组中单击"页面边框"按钮,打开"边框和底纹"对话框,在"页面边框"选项卡中设置边框类型、颜色等参数。

【例 5-23】 打开"WORD 素材"文件夹中的"WORD5_23.docx"文件,将文档页面颜色的填充效果设置为"渐变/预设/羊皮纸"、底纹样式为"斜下";为页面添加内容为"样本"的文字型水印,水印内容的文本格式为黑体、红色(标准色);设置页面边框为艺术型中的红心,边框宽度为 14 磅。

具体操作步骤如下：

① 打开"WORD 素材"文件夹中的"WORD5_23.docx"文件，单击"设计"选项卡的"页面背景"组中的"填充效果"按钮，打开"填充效果"对话框，在"渐变"选项卡中选择"预设"单选按钮，预设颜色选择"羊皮纸"，"底纹样式"选择"斜下"，如图 5-82 所示，单击"确定"按钮。

② 单击"设计"选项卡的"页面背景"组中的"水印"下拉按钮，在下拉列表中选择"自定义水印"，弹出"水印"对话框，在对话框中选择"文字水印"，设置文字为"样本"、字体为"黑体"、颜色为"红色"，具体参数如图 5-83 所示，单击"确定"按钮。

③ 单击"设计"选项卡的"页面背景"组中的"页面边框"下拉按钮，在弹出的"边框与底纹"对话框的"页面边框"选项卡中设置红色心形艺术型边框，边框宽度为 14 磅，如图 5-84 所示，单击"确定"按钮。

④ 单击"确定"按钮，完成设置。

图 5-82　设置页面填充效果

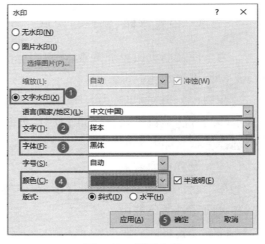

图 5-83　设置水印

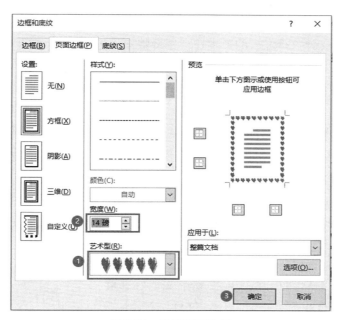

图 5-84　设置页面边框

5.5.4　设置分页与分节

在文档中，系统默认以页为单位对文档进行分页，只有当内容填满一整页时 Word 才会自动分页。当然，用户也可以利用 Word 中的分页与分节功能，在文档中强制分页与分节。

（1）设置分页

分页功能属于人工强制分页，即在需要分页的位置插入一个分页符，将一页中的内容分布在两页中。如果想在文档中插入手动分页符来实现分页效果，首先将光标定位在需要分页的位置，然后单击"布局"选项卡的"页面设置"组中的"分隔符"下拉按钮，在下拉列表中选择"分页符"选项，即可在文档中的光标处插入一个页面符。

（2）设置分节

在文档中，节与节之间的分界线是一条双虚线，该双虚线被称为"分节符"。用户可以利用 Word 中的分节功能为同一文档设置不同的页面格式。例如，将各个段落按照不同的栏数进行设置，或者将各个页面按照不同的纸张方向进行设置等。方法是：单击"布局"选项卡的"页面设置"组中的"分隔符"下拉按钮，在下拉列表中选择"分节符"栏的"下一页"选项即可。"分节符"栏中主要包括"下一页""连续""偶数页""奇数页"4 种类型。每种类型的功能与用法如下所述。

- 下一页：表示分节符之后的文本在下一页以新节的方式进行显示。该选项适用于前后文联系不大的文本。
- 连续：表示分节符之后的文本与前一节文本处于同一页中。该选项适用于前后文联系比较大的文本。
- 偶数页：表示分节符之后的文本在下一偶数页上进行显示，如果该分节符处于偶数页上,则下一奇数页为空页。

- 奇数页:表示分节符之后的文本在下一奇数页上进行显示,如果该分节符处于奇数页上,则下一偶数页为空页。

5.5.5 打印预览与打印

完成文档的编辑制作后,必须先对其进行打印预览,按照用户的不同需求进行修改和调整,然后对打印文档的页面范围、打印份数和纸张大小进行设置,最后输出文档。

(1) 预览文档

在打印文档之前,如果想要预览打印效果,可以使用打印预览功能查看文档的编辑效果。通过单击"文件"选项卡下的"打印"命令,在最右侧的窗格中便可以查看工作表的打印效果。

(2) 打印文档

对文档进行预览后,即可打印输出整个文档所有页面或指定页面。和打印预览类似,单击"文件"选项卡下的"打印"命令,弹出文档预览和打印窗格。单击中间窗格中的"打印"命令直接开始打印。在打印之前,可以通过中间窗格设置打印相关属性,如图 5-85 所示,其中主要参数设置项如下:

- 查看打印机属性:查看当前打印机或重新添加打印机。
- 打印份数:通过后面的文本框输入,或通过上、下三角按钮选择。
- 页码范围:通过"设置"区中的下三角按钮选择打印当前页、所有页,还是自定义一个范围进行打印等。
- 打印方式:通过下三角按钮选择单面打印还是双面打印,手动还是自动打印,等等。
- 纸张:通过下三角按钮,选择纸张大小(A4、A3等)。
- 自定义边距:通过下三角按钮,可选择预设边距或进入"页面设置"对话框重新设置等。单击右下角的"页面设置"命令,弹出"页面设置"对话框,在其中可进行相关设置。

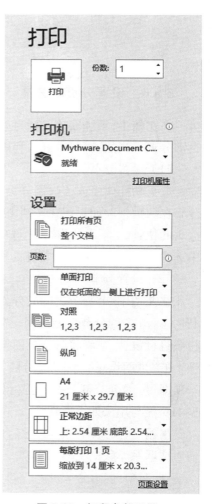

图 5-85 打印参数设置

5.5.6 小结练习

1. 打开"WORD 素材\练习"文件夹中的"科技新闻 2. docx"文件,设置页面纸张方向为横向,纸张大小设为 A5,上下页边距均为 2.5 厘米,左右页边距均为 1.8 厘米。

2. 设置页眉为"科技新闻",居中,字体为小五、宋体;在页面底端居中位置插入格式为"加粗显示的数字 2"页码。

3. 给页面添加斜式文字水印"科技日报播报";添加深蓝色双线边框。

第 6 章 电子表格处理软件 Excel 2016

Excel 2016 是 Microsoft Office 办公编辑软件中最基本的组件之一,是一款功能强大的数据处理软件,可以将复杂的数据转换为更直观的表格或可视化图表的形式,常用于数据处理、统计分析及辅助决策等,在管理、统计、财务、金融等领域得到了广泛的应用。

本章主要介绍 Excel 2016 的使用,包括:Excel 的基本操作、公式与函数、数据管理、可视化图表及其他操作等。

思维导图

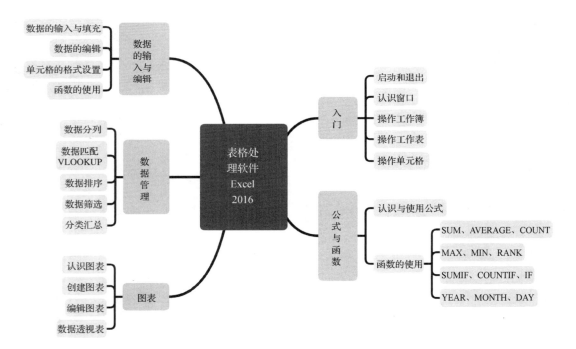

6.1 Excel 2016 入门

学习目标

- 了解 Excel 2016 的功能与应用,掌握 Excel 2016 启动和退出的方法。
- 熟练创建工作簿,了解单元格、单元格地址的概念。
- 能够根据任务要求完成数据的输入与编辑。

6.1.1 Excel 2016 的启动与退出

1. Excel 2016 的启动

Excel 的启动与其他的 Office 软件基本相同,常用的方法主要有以下几种。

方法一:从"开始"菜单中找到 Excel 并单击启动。

方法二:单击任务栏上的 Excel 图标启动。

方法三:若用户已经创建了 Excel 文件(扩展名为". xlsx"或者". xls"),直接双击该文件,即可启动 Excel 并同时打开该文件。

2. Excel 2016 的退出

退出 Excel 2016,主要可以通过如下几种方式。

方法一:单击 Excel 窗口右上角的"关闭"按钮。

方法二:按【Alt】+【F4】组合键。

方法三:在"快速访问工具栏"的空白处右键单击,在弹出的快捷菜单中选择"关闭"命令。

6.1.2 认识 Excel 2016 窗口

Excel 2016 的窗口如图 6-1 所示,主要包括标题栏、状态栏、功能区、视图切换按钮等;另外,还有 Excel 所具有的特定组件,如单元格地址、单元格、切换工作表、工作表标签和编辑栏等组件。

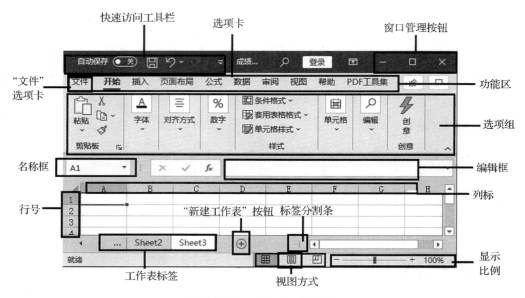

图 6-1　Excel 2016 工作界面

1. Excel 2016 工作界面介绍

（1）标题栏

标题栏分为快速访问工具栏、文档名称栏、功能区显示选项以及窗口管理按钮。用户可以使用快速访问工具栏实现常用的功能，如保存、撤消、恢复、关闭等。另外，用户可以单击"自定义快速访问工具栏"按钮，将常用工具添加至快速访问工具栏。文档名称栏显示正在编辑的文档的文件名以及文件类型。

（2）状态栏

状态栏用于显示当前选择内容的状态，可以切换视图以及调整缩放比例等。在状态栏区域内右击，在弹出的快捷菜单中选择相应的选项（图6-2），自定义状态栏。

图 6-2　自定义状态栏

（3）选项卡及功能区

功能区将控件对象划分为多个选项卡，在选项卡中又将控件细化为不同的组。它与其他软件中的"菜单"或"工具栏"作用相同。Excel 2016 功能区默认有"文件""开始""插入""页面布局""公式""数据""审阅""视图""帮助"等。

（4）工作区

工作区是 Excel 中最重要的窗口，其中包含了水平标题栏、垂直标题栏、水平滚动条、垂直滚动条、工作窗格、工作表标签等。工作表标签主要用于显示工作表的名称，单击所选中的工作表标签将激活此工作表，使它变为当前工作表。单击左上角的　　按钮，可选中工作表中所有的单元格。

（5）编辑工具栏

如图 6-3 所示，Excel 的编辑栏包括名称框和编辑框两部分。名称框用于显示当前编辑的单元格地址，编辑框显示当前单元格的内容，可以实现当前单元格内容的修改、添加与删除。单击编辑框左侧的 f_x，可以快速插入公式与函数，并设置函数的参数。

图 6-3　名称框与编辑框

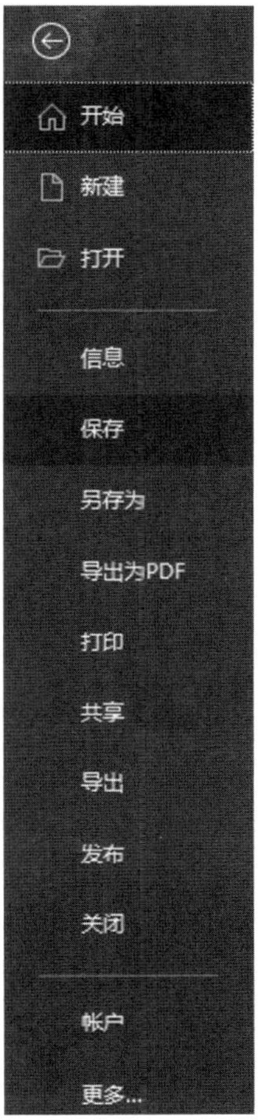

图 6-4　"文件"选项卡

2. Excel 2016 的功能区简介

（1）"文件"选项卡

如图 6-4 所示，"文件"选项卡位于界面的左上角，可实现工作簿的新建、打开、保存、另存为、打印及关闭等常用功能。

（2）"开始"选项卡

"开始"选项卡中包括"剪贴板""字体""对齐方式""数字""样式""单元格"等组，如图 6-5 所示。

图 6-5　"开始"选项卡

（3）"插入"选项卡

"插入"选项卡包括"表格""插图""加载项""图表""演示""迷你图""筛选器""链接"

"批注"等组,如图6-6所示。

图6-6 "插入"选项卡

(4)"页面布局"选项卡

"页面布局"选项卡包括"主题""页面设置""调整为合适大小""工作表选项""排列"五个组,如图6-7所示。

图6-7 "页面布局"选项卡

(5)"公式"选项卡

"公式"选项卡包括"函数库""定义的名称""公式审核""计算"等组,用于在Excel表格中进行各种数据计算,如图6-8所示。

图6-8 "公式"选项卡

(6)"数据"选项卡

"数据"选项卡包括"获取和转换数据""查询和连接""排序和筛选""数据工具""预测""分级显示"等组,使用这些功能可实现对数据的条件格式、排序、筛选、分类汇总及分析等操作,体现数据表中数据内在的联系或更深层次的含义,如图6-9所示。

图6-9 "数据"选项卡

(7)"审阅"选项卡

"审阅"选项卡包括"校对""中文简繁转换""辅助功能""见解""语言""批注""注释""保护""墨迹"等组,如图6-10所示。

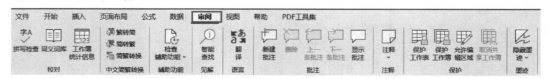

图6-10 "审阅"选项卡

(8)"视图"选项卡

"视图"选项卡包括"工作表视图""工作簿视图""显示""缩放""窗口""宏"等组,如

图 6-11 所示。

图 6-11 "视图"选项卡

3. Excel 2016 的视图分类

Excel 有三种视图：普通视图、页面布局视图和分页预览视图，用户可以单击窗口右下方的按钮进行切换，也可以通过"视图"选项卡来进行视图的切换与自定义。

- 普通视图：普通视图是 Excel 的默认视图，在该视图模式下可以实现对表格的设计与编辑，但是无法查看页边距、页眉和页脚等信息。
- 页面布局视图：页面布局视图除了可以对表格数据进行设计编辑外，还可以实时查看和修改页边距、页眉和页脚，同时显示水平和垂直标尺，以方便用户进行打印前的编辑。
- 分页预览视图：在这种模式下，Excel 会自动将表格分成多页，通过拖动界面右侧或者下方的滚动条，可查看各个页面中的数据内容，当然在这种模式下用户也可以对表格数据进行设计编辑。

4. 常用术语

一个 Excel 文件是指一个工作簿，一个工作簿中可以包含多张工作表，而每张工作表中又可以管理多种类型的信息，所以为了方便学习 Excel 的基础知识，首先需要弄清楚 Excel 中常用的术语。

（1）工作簿

当创建工作簿时，系统会自动显示名为"工作簿1"的电子表格。新版本的 Excel 默认情况下每个工作簿中只包括名称 Sheet 1 的一张工作表，工作簿的扩展名为".xlsx"。可通过执行"文件"→"选项"命令，在弹出的对话框中设置工作表的默认数量。

（2）工作表

工作表就是所谓的电子表格，每张工作表由若干个单元格组成，单元格用于存储文字、数字、公式等数据。用户新建工作簿会默认创建一张名为"Sheet1"的工作表，单击工作表名称后面的 ⊕ 按钮，可以创建新的工作表。可以通过单击工作表标签的方法，在各张工作表之间进行快速切换。

（3）单元格

单元格是 Excel 中的最小单位，主要由交叉的行与列组成，其名称（单元格地址）通过行号与列标来显示，其中行号用 1, 2, 3…… 阿拉伯数字表示，列标用 A, B, C…… 大写字母标出。

6.1.3 操作工作簿

要实现对 Excel 文件的编辑与处理，首先需要学会工作簿的创建与保存方法。下面介绍工作簿的创建、保存与关闭等相关操作。

1. 创建工作簿

新建工作簿的常用方法有以下几种：

方法一：启动 Excel 2016 组件，系统会自动生成一个新的工作簿。

方法二：执行"文件"→"新建"命令，在展开的"新建"页面中单击"空白工作簿"选项，即可创建一个空白工作簿。单击其他模板，可以创建模板工作簿。

2. 保存工作簿

创建并编辑完工作簿之后，为防止突然断电、死机等情况的出现，造成数据的丢失，需要将工作簿保存在本地计算机中。保存工作簿的常用方法有以下几种。

方法一：在 Excel 2016 工作界面中，单击"快速访问工具栏"中的"保存"按钮。

方法二：在 Excel 2016 工作界面中，单击"文件"选项卡下的"保存"或者"另存为"命令。

方法三：按【Ctrl】+【S】组合键，可以实现工作簿的保存；按【Ctrl】+【Shift】+【S】组合键，可以实现工作簿的另存为。

Excel 2016 支持保存多种类型的文件，其可保存的文件类型如图 6-12 所示。

图 6-12　可保存的文件类型

另外，为了保护工作簿的数据安全，可以通过加密的方法来保存工作簿。在"另存为"对话框中单击"工具"下拉按钮，在下拉列表中选择"常规"选项，弹出"常规选项"对话框，在"打开权限密码"与"修改权限密码"文本框中输入密码，单击"确定"按钮，弹出"确认密码"对话框，重新输入密码，单击"确定"按钮即可完成。

3. 打开工作簿

当工作簿被保存后，可再次被打开，但前提条件是必须安装有 Excel 应用程序。打开工作簿的常用方法有以下几种：

方法一：在 Excel 工作界面中，单击"文件"选项卡下的"打开"命令。

方法二：使用组合键【Ctrl】+【O】。

方法三：直接双击 Excel 文件。

4. 关闭工作簿

当不再需要编辑工作簿时，便可将其闭。关闭工作簿的常用方法有以下几种。

方法一：在 Excel 工作界面，单击"文件"选项卡下的"关闭"命令。

方法二：单击 Excel 工作界面标题栏中的"关闭"窗口按钮，只是这个时候关闭的是当前工作簿，但并不退出 Excel 应用程序。

6.1.4 操作工作表

工作表的基本操作包括新建、重命名、删除、移动或复制、隐藏或显示工作表等。

1. 创建工作表

新建工作表有以下几种常用方法。

方法一：在 Excel 工作界面中，单击工作表标签右侧的图标 ⊕。

方法二：选中当前工作表，右击要插入的工作表前方或后方的工作表标签，在弹出的快捷菜单中选择"插入"命令，便可出现"插入"对话框。在此对话框中单击"工作表"选项，然后单击"确定"按钮，便可在已有工作表前后任意位置插入一张新的工作表。

方法三：打开"开始"选项卡，在"单元格"组中单击"插入"按钮，然后在下拉列表中选择"插入工作表"命令，即可插入一张新的工作表，而插入的工作表位于当前工作表的左侧。

2. 重命名工作表

不管是启动 Excel 时自动生成的工作表，还是用户根据需要自动新建的工作表，它们都是默认以 Sheet1、Sheet2 等来命名的。但为了在实际应用过程中做到文件名的"见名知意"，以方便记忆和有效管理，这个时候便需要用户来对工作表进行重命名。重命名一张工作表的常用方法有以下几种。

方法一：在工作表标签中，双击相应的工作表名称。

方法二：选中需要修改的工作表名称，单击鼠标右键，在弹出的快捷菜单中选择"重命名"命令。

方法三：选择"开始"选项卡，在"单元格"组中单击"格式"按钮，然后在弹出的下拉列表中选择"重命名工作表"命令。

使用上述三种方法都可以使原来的工作表名称变成全黑的填充色，这个时候只需要重新输入新的工作表名称，即可完成重命名操作。

【例 6-1】 在桌面新建名为"成绩单"的工作簿，创建名为"学生成绩单"的工作表。

① 在桌面空白位置单击鼠标右键，在弹出的快捷菜单中选择"新建"→"Microsoft Excel 工作表"命令。

② 右击新建的 Excel 文件，选择"重命名"，将文件的名称修改为"成绩单.xlsx"。

③ 双击打开文件，单击 Sheet1，将工作表的名字修改为"学生成绩单"。

3. 删除工作表

在编辑工作簿的过程中，在不需要某些工作表时，可以选择将其删除。删除一张工作表的常用方法有以下几种。

方法一：选中需要删除的工作表标签，单击鼠标右键，在弹出的快捷菜单中选择"删除"命令。

方法二：选中"开始"选项卡，在"单元格"组中选择"删除"按钮，然后在弹出的下拉菜单中选择"删除工作表"命令。

以上两种方法都可以完成工作表的删除工作，用户只需要选择其中一种掌握即可。

4. 移动或复制工作表

在使用Excel进行数据处理时，经常需要在工作簿内或工作簿之间移动或复制工作表。下面分别予以介绍。

（1）在同一个工作簿内移动或复制工作表

在同一个工作簿内移动工作表的操作方法比较简单，只需要选定需要移动的工作表，然后沿工作表标签行拖动至目的位置即可。

如果需要在当前工作簿中复制已有的工作表，只需在按住【Ctrl】键的同时拖动选定工作表，然后在目的位置释放鼠标即可，释放鼠标后，再松开【Ctrl】键。

需要注意的是，如果复制工作表，则新生成工作表的名称便是在源工作表的名称后加了一个用括号括起来的数字，这时候只是工作表名称不一样，里边的内容完全一样。例如，源工作表名为"作息时间表"，则经过一次复制后工作表为"作息时间表（2）"。对一张工作表可以进行多次复制。

（2）在不同的工作簿之间移动或复制工作表

在不同的工作簿之间移动或复制工作表，最简单的方法便是通过"移动或复制工作表"对话框来完成，但前提是两个工作簿必须同时为打开状态。当然，利用这个对话框也可以完成在同一个工作簿内复制或移动工作表。具体操作步骤如下：

① 选中当前工作簿中的某一张需要移动或复制的工作表标签。

② 单击鼠标右键，在弹出的快捷菜单中选择"移动或复制"命令，或者选择"开始"选项卡下"单元格"组中的"格式"按钮，在弹出的下拉列表中选择"移动或复制工作表"命令。

③ 打开"移动或复制工作表"对话框（图6-13），若需要将当前工作表移动到其他工作簿中，只需要在"工作簿"下拉列表框中选择目的工作簿名称即可；若需要移动到当前工作簿的其他位置，则需要在"下列选定工作表之前"列表框中选择某一张满足要求的工作表，单击"确定"按钮，当前工作表便会移动到选择的工作表之前。

注意：若想实现工作表的复制，只需要在上述操作的基础上，勾选"建立副本"复选框即可。

5. 隐藏或显示工作表

在编辑工作簿的过程中，有时候需要将工作簿中的某张工作表隐藏起来，这时候只需要右击该工

图6-13 "移动或复制工作表"对话框

作表标签,在弹出的快捷菜单中选择"隐藏"命令即可。

若要显示工作簿中之前被隐藏的工作表,可以右击任意一张工作表标签,在弹出的快捷菜单中选择"取消隐藏"命令,打开"取消隐藏"对话框,如图6-14所示,在这个对话框中选择要显示的工作表,然后单击"确定"按钮,便可完成相应的操作。

6. 拆分与冻结工作表窗口

当工作表中的数据比较多时,为了方便查看,可以冻结拆分的窗口,或只冻结首行或首列。具体操作步骤如下:

图 6-14 "取消隐藏"对话框

① 用 Excel 2016 打开要编辑的表格。

② 拆分窗口,如果想要冻结第 1 行,就将鼠标定位到第 2 行,如果是冻结前三行,就选中第 4 行(如图 6-15 所示,将鼠标定位在第 3 行)。

③ 单击"视图"选项卡,单击"冻结窗格"按钮下的箭头,在下拉列表中选择"冻结窗格"命令,如图6-15 所示。

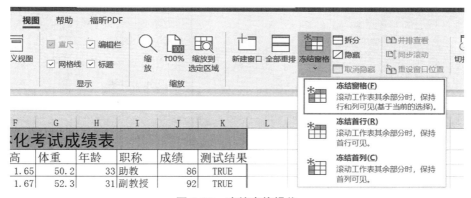

图 6-15 冻结窗格操作

另外,Excel 2016 还提供了冻结首行与首列的功能,直接选择"冻结首行"或"冻结首列",即可快速冻结首行或首列。若要取消,则直接选择"冻结窗格"下拉列表中的"取消冻结窗格"即可。

6.1.5 操作单元格

编辑单元格是制作 Excel 电子表格的基础,不仅可以运用自动填充功能实现数据的快速输入,而且还可以运用移动与复制功能完善工作表中的数据。

1. 选择单元格

在进行数据处理与数据输入时,首先应该选中要操作的单元格,关于单元格的选择主要分为以下几种情况。

- 选择单元格:在工作表中移动鼠标,当光标变成空心十字形状时单击即可。此时,该单元格的边框将以黑色粗线进行标识。
- 选择连续的单元格区域:首先选择需要选择的单元格区域中的第一个单元格,然后拖动鼠标即可。此时,该单元格区域的背景将以蓝色显示。
- 选择不连续的单元格区域:首先选择第一个单元格,然后按住【Ctrl】键,逐一选择其他单元格。
- 选择整行或整列:将鼠标光标移到需要选定的某一行的行号或某一列的列标上,当鼠标光标变为实心箭头时,单击鼠标即可。
- 选择整个工作表:直接单击工作表左上角的 ◣ 按钮即可,或者按【Ctrl】+【A】组合键,选择整个工作表。

2. 插入单元格

在数据的编辑与处理过程中,如果要插入单元格,可以通过以下两种方式来进行。

方法一:选中目标单元格,单击鼠标右键,在弹出的快捷菜单中选择"插入"命令,弹出如图 6-16 所示的对话框,用户根据需要选择对应的单选按钮,即可完成行或列的插入。

图 6-16 "插入"对话框

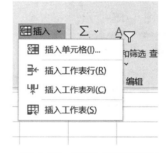

图 6-17 "插入"下拉列表

方法二:打开"开始"选项卡,在"单元格"组中单击"插入"按钮,然后在下拉列表中选择"插入单元格""插入工作表行""插入工作表列"命令,便可以实现在工作表中插入单元格、行和列,如图 6-17 所示。

3. 删除单元格

与插入单元格类似,删除单元格可通过以下两种方法来实现。

方法一:选中目标单元格,单击鼠标右键,在弹出的快捷菜单中选择"删除"命令,弹出如图 6-18 所示的"删除"对话框,根据需求在"删除"组中选择相应的单选按钮,即可完成单元格、行和列的删除。

图 6-18 "删除"对话框

图 6-19 删除下拉菜单

方法二:打开"开始"选项卡,在"单元格"组中单击"删除"按钮,然后在下拉列表中选择"删除单元格""删除工作表行""删除工作表列"命令,便可以实现在工作表中删除单元格、行和列的任务,如图 6-19 所示。

4. 合并和拆分单元格

在用 Excel 制作表格的过程中,根据要求经常需要将一些单元格进行合并或者拆分。例如,对表格标题行的内容进行合并的设置步骤如下:

① 选中需要合并的单元格。

② 打开"开始"选项卡,在"对齐方式"组中单击 按钮右侧的下三角,这时候便可出现如图 6-20 所示的下拉列表,根据需求选择符合要求的选项即可。

图 6-20 单元格的合并与拆分

若对已经合并的单元格进行拆分,则选择"取消单元格合并"即可。

5. 隐藏和取消隐藏单元格

在用 Excel 制作表格的过程中,有时候需要隐藏某些单元格,但是单个的单元格是无法进行隐藏的,在 Excel 中单元格的隐藏都是以行和列为单位的。

① 选择要隐藏的行或列所在的某个单元格。

② 打开"开始"选项卡,在"单元格"组中单击"格式"按钮旁的下三角,在下拉列表中选择"隐藏和取消隐藏"命令,如图 6-21 所示。

③ 根据需要选择"隐藏行""隐藏列""隐藏工作表"即可。

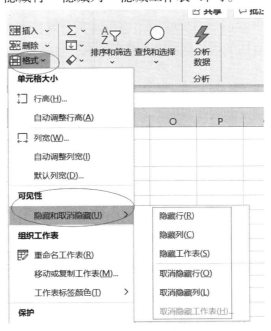

图 6-21 单元格的隐藏与取消

6.2 数据的输入与编辑

学习目标

- 掌握 Excel 数据的录入与快速填充。
- 能够对单元格的格式与内容进行设置与修改。

6.2.1 数据的输入与填充

与 Word 类似,在 Excel 的单元格中可以输入文本、数字和日期等格式,输入的时候需要对数字格式进行设置。输入数据的常用方式有两种:一种是手动输入,另外一种是自动填充。

1. 手动输入数据

在 Excel 中手动输入数据,首先需要选定目标单元格,输入的方法包括以下几种。

方法一:选择单元格输入。选定要输入数据的单元格,直接通过键盘输入。

方法二:在单元格中输入。双击要输入数据的单元格,将插入点定位到该单元格内,然后通过键盘输入。

方法三:在编辑栏中输入。选定要输入数据的单元格,将鼠标指针移到数据编辑栏中并单击,然后通过键盘输入。

2. 自动填充数据

在输入数据的过程中,若单元格的数据存在较多的重复或者是有规律的数据序列,可以利用自动填充表格的方法来提高数据输入的效率。

(1)使用填充柄填充

在起始单元格,将鼠标指针放在单元格的右下角,这时候鼠标指针会变成一个"+"形状的填充柄,按住鼠标左键往下或者往右拖动,便可以实现文本内容的自动快速填充,即复制。

如果用户想要填充递增的纯数字,则需在起始的两个或两个以上的单元格内输入起始数据,同时选中两个或两个以上的单元格,待鼠标指针变成"+"形状后,按住鼠标拖动即可。

(2)使用"序列"对话框填充规律数据

若用户要进行等差、等比或者日期填充,可以使用"序列"对话框进行,其详细的操作步骤如下:

① 在工作表的起始单元格中输入起始内容。

② 单击"开始"选项卡下"编辑"组中的"填充"按钮 ⬇︎ ,在展开的下拉列表中选择"系列"选项。

③ 弹出"序列"对话框,在"类型"组中选择需要使用的填充类型,并在"步长值""终止值"文本框中输入相关内容,如图 6-22 所示。

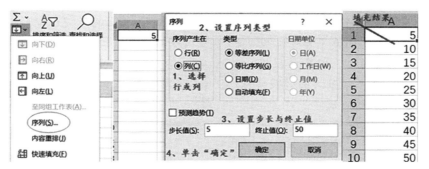

图 6-22　序列填充

3. 设置数字格式

Excel 中,默认情况下的数字格式为"常规",即不包含任何特定的数字格式,但是在一些情况下,用户需要输入的如数值、货币、日期、百分比、文本等数据类型的数据,为了有效地对用户需要的数据进行准确无误的表达和显示,可以对数字格式进行更改。设置数字格式的常用方法有以下两种。

方法一:选中"开始"选项卡,在"数字"组(图 6-23)中单击各相关命令按钮。

方法二:在"开始"选项卡下"数字"组中,单击"设置单元格格式"对话框启动器按钮(或选中数据区,单击鼠标右键,在弹出的快捷菜单中选择"设置单元格格式"命令),打开"设置单元格格式"对话框,如图 6-24 所示,在其中进行相关设置。

图 6-23　"数字"组

图 6-24　"设置单元格格式"对话框

4. 数据验证

当某区域要输入的数据有重复的时候,可使用数据验证中的序列功能快速输入需要的数据。设置数据验证的主要步骤如下:

① 选中要设置下拉列表的区域,切换至"数据"选项卡,在"数据工具"组中单击"数据验证"按钮,如图6-25所示。

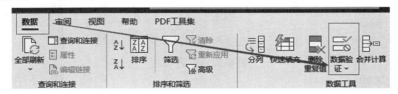

图 6-25　数据验证

② 打开"数据验证"对话框,切换至"设置"选项卡,单击"允许"下右侧的下三角按钮,在展开的列表中选择"序列"。

③ 在"来源"文本框中输入序列内容,使用英文状态下的逗号隔开,单击"确定"按钮,如图6-26 所示。

图 6-26　"数据验证"对话框　　图 6-27　数据验证设置结果

④ 选中设置区域中的任意单元格,可看到单元格后的下三角按钮,单击该按钮,在展开的列表中选择相应的内容即可,如图6-27 所示。

【例6-2】　完成学生成绩单数据的录入与编辑。

① 打开例6-1 中创建的工作表,完成列标题、学生姓名及各科成绩的录入。

② 完成标题部分的合并单元格:选中标题一行的多个单元格,单击"开始"选项卡下"对齐方式"组中的 图标,选择"合并后居中"。

③ 完成学号的自动填充:在学号一列输入第一个学号"001",为防止前面的00 被省略掉,请先将该列数据格式设置为"文本"(选中相关单元格并右击,在弹出的快捷菜单中选择"设置单元格格式"命令,选择"数字"选项卡,在"分类"下选择"文本"),选中001 单元格,当鼠标指针变成"＋"形状,向下拖动鼠标,即完成学号的自动填充。

④ 完成性别的数据验证：选中性别数据的单元格，单击"数据"选项卡下"数据工具"组中的"数据验证"按钮，在弹出的"数据验证"对话框中选择"设置"选项卡，设置允许条件为"序列"，在来源中输入"男,女"，单击"确定"按钮，即可完成数据验证的设置。

6.2.2 数据的编辑

单元格的数据录入之后，还可以对数据进行移动、查找、替换、删除、复制等操作。

1. 修改与删除数据

在表格中修改或删除数据主要有以下三种方法。

方法一：确认双击需要修改或删除数据的单元格，直接进行修改或删除操作，按下【Enter】键确认。

方法二：选中单元格，重新输入数据或者单击【Delete】键删除该单元格中的数据，按下【Enter】键确认。

方法三：选择单元格，将鼠标指针移到编辑栏中并单击，将文本插入点定位到编辑栏中，修改或删除数据后按下【Enter】键确认。

2. 移动或复制数据

在 Excel 2016 中移动或复制数据主要有以下三种方法。

方法一：通过"剪贴板"组移动或复制数据。选择需移动或复制数据的单元格，选中"开始"选项卡，在"剪贴板"组中单击"剪切" 按钮（或"复制" 按钮），选择目标单元格，然后单击"剪贴板"组中的"粘贴" 按钮即可。

方法二：通过右键快捷菜单移动或复制数据。选择需移动或复制数据的单元格，单击鼠标右键，在弹出的快捷菜单中选择"剪切"命令或"复制"命令，选择目标单元格，然后单击鼠标右键，在弹出的快捷菜单中选择"粘贴"命令，即可完成数据的移动或复制。

方法三：通过快捷键移动或复制数据。选择需移动或复制数据的单元格，按【Ctrl】+【X】组合键或【Ctrl】+【C】组合键，选择目标单元格，然后按【Ctrl】+【V】组合键。

3. 查找和替换数据

当工作表中的数据量较大时，直接在工作表中查找数据比较困难，这时可通过 Excel 提供的查找和替换功能来快速查找符合条件的单元格以及实现对特定内容的替换，提高编辑的效率。

（1）数据查找

具体操作步骤如下：

① 在"开始"选项卡下的"编辑"组中，单击"查找和选择" 按钮，在打开的下拉列表中选择"查找"选项，打开"查找和替换"对话框，单击"查找"选项卡，如图 6-28 所示。

图 6-28 "查找和替换"对话框中的"查找"选项卡

② 在"查找内容"后的单行文本框中输入要查找的内容,单击"查找下一个"或"查找全部"按钮,便能快速查找到匹配条件的单元格。

(2) 数据替换

Excel 中数据替换的主要步骤如下:

① 在"开始"选项卡下的"编辑"组中,单击"查找和选择" 按钮,在打开的下拉列表中选择"查找"选项,打开"查找和替换"对话框,单击"替换"选项卡,如图 6-29 所示。

图 6-29 "查找和替换"对话框中的"替换"选项卡

② 分别填写查找内容与替换内容,单击"全部替换"或"替换"按钮,实现特定数据的替换。

6.2.3 单元格的格式设置

输入数据后,为了使制作出的数据表格更加美观和直接,还需要对单元格进行格式化设置,如设置文本对齐方式、行高、列宽以及添加边框和底纹等。

1. 设置文本的格式和对齐方式

在默认情况下,工作表单元格中输入的数据为 11 磅的宋体,而且由于输入的数据类型不同,采用的对齐方式也不同。例如,文本以左对齐方式显示,数字以右对齐方式显示,而逻辑值和错误值居中对齐。但是在实际编辑过程中,为了表格美观,常常需要更改文本的格式和对齐方式。

单元格内容的格式包括字形、大小、颜色等,而对齐方式包括水平对齐与垂直对齐两种,这两种方式下又包括若干种对齐选项。设置文本的格式和对齐方式,常用的方法有以下三种。

方法一:在"开始"选项卡下的"数字"组中,单击"设置单元格格式"对话框启动器按钮,打开"设置单元格格式"对话框,然后分别在"对齐"和"字体"选项卡下进行设置。

方法二:选中单元格区域,单击鼠标右键,在弹出的快捷菜单中选择"设置单元格格式"命令,同样也可以打开"设置单元格格式"对话框,在其中进行相关设置。

方法三:选择"开始"选项卡,在"字体"和"对齐方式"组中,选择相应的按钮直接设置。

2. 设置单元格的行高和列宽

默认情况下,工作表中的每个单元格具有相同的行高和列宽,但在实际数据输入和编辑过程中,常常需要设置单元格的行高和列宽。设置单元格的行高和列宽常用的有以下几种方法。

方法一:通过拖动边框线调整,将鼠标指针移至单元格的行号或列标之间的分隔线上,按住鼠标左键不放,此时将出现一条灰色的实线,代表边框线移动的位置,拖动到适当位置后释放鼠标,即可调整单元格的行高与列宽。

方法二:打开"开始"选项卡,在"单元格"组中单击"格式"按钮,在弹出的下拉列表框中选择"行高"或"列宽"命令,在弹出的"列宽"或"行高"对话框中设置相关的数值。

方法三:自动调整行高和列宽。打开"开始"选项卡,在"单元格"组中单击"格式"按钮,在弹出的下拉列表框中选择"自动调整行高"或"自动调整列宽"命令,便可完成行高和列宽的自动调整。

3. 设置单元格的边框和底纹

在默认情况下,Excel 的单元格并没有设置边框,为了让单元格中的数据显示得更加清晰突出,需要添加边框与底纹,设置单元格边框的方法主要有以下两种。

方法一:通过"字体"组设置。选择要设置的单元格,打开"开始"选项卡,在"字体"组中单击"下边框"按钮右侧的下拉按钮,在打开的下拉列表中可选择所需的边框线样式,如图 6-30 所示,而在"绘制边框"栏的"线条颜色"和"线型"子选项中,可设置边框的颜色和线型。

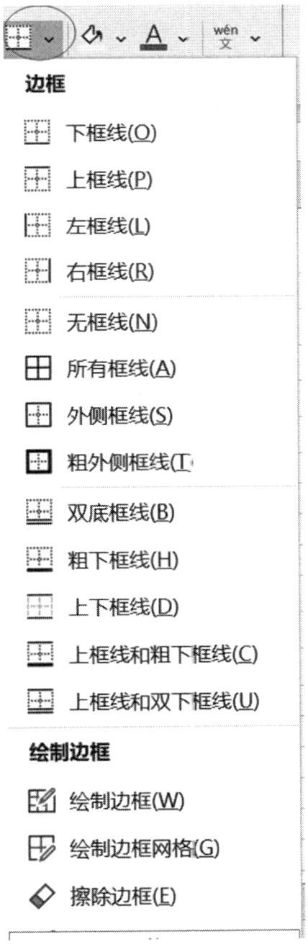

方法二:通过"设置单元格格式"对话框设置。选择需要设置边框的单元格,右击,在弹出的快捷菜单中选择"设置单元格格式"命令,打开"设置单元格格式"对话框,单击"边框"选项卡(图 6-31),在其中可设置各种粗细、样式或颜色的边框。

图 6-30 "边框"下拉列表

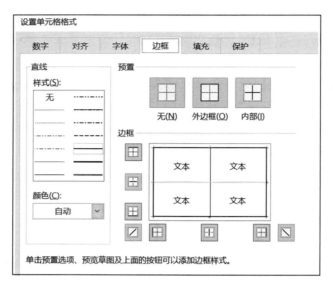

图 6-31 "设置单元格格式"对话框中的"边框"选项卡

4. 套用单元格和表格样式

Excel 中自带了多种设计好的表格样式,用户可以直接套用这些样式,也可以自定义表格样式。

自动套用表格样式的操作方法是:在"开始"选项卡下的"样式"组中单击"套用表格格式"按钮来进行相关选择,如图 6-32 所示。

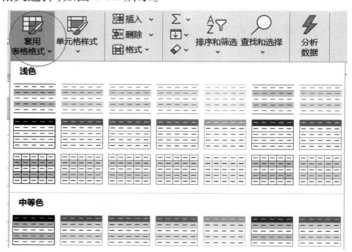

图 6-32 套用表格格式

自定义表格样式的方法是:单击"套用表格格式"按钮,在弹出的下拉列表框中选择"新建表格样式"命令,弹出"新建表样式"对话框,如图 6-33 所示,在其中进行相关设置。

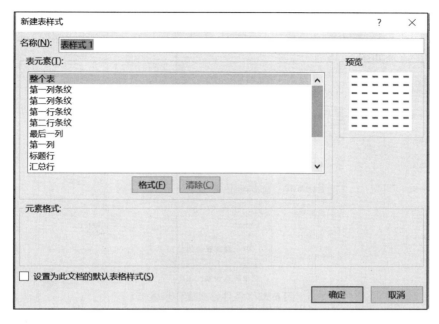

图 6-33　“新建表样式”对话框

5. 设置条件格式

条件格式的主要功能是,通过设置一定的公式或确切的数值来确定搜索条件,然后将一定的格式应用到搜索出来的符合条件的单元格中。条件格式的设置需要通过“开始”选项卡下的“样式”组中的“条件格式”按钮来实现。

【例 6-3】 打开“Excel 素材”文件夹中的“成绩单. xlsx”文件,学生成绩单如图 6-34 所示,使用条件格式将所有成绩低于 60 的单元格设置红色填充。

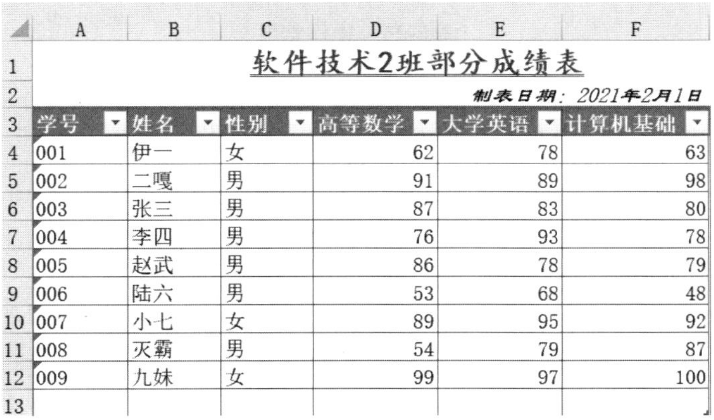

	A	B	C	D	E	F
1	软件技术2班部分成绩表					
2						制表日期:2021年2月1日
3	学号	姓名	性别	高等数学	大学英语	计算机基础
4	001	伊一	女	62	78	63
5	002	二嘎	男	91	89	98
6	003	张三	男	87	83	80
7	004	李四	男	76	93	78
8	005	赵武	男	86	78	79
9	006	陆六	男	53	68	48
10	007	小七	女	89	95	92
11	008	灭霸	男	54	79	87
12	009	九妹	女	99	97	100
13						

图 6-34　学生成绩单工作表

① 选中所有表示成绩的单元格区域,单击“开始”选项卡下的“样式”组中的“条件格式”按钮,在弹出的下拉列表框中选择“突出显示单元格规则”→“小于”命令,打开“小于”对话框。

② 在“为小于以下值的单元格设置格式”文本框中输入“60”,在“设置为”下拉列表中

选择“自定义格式”选项，详细操作如图 6-35 所示。

③ 在弹出的“设置单元格格式”对话框中，按照要求设置字体颜色以及填充颜色，单击“确认”按钮，结果如图 6-36 所示。

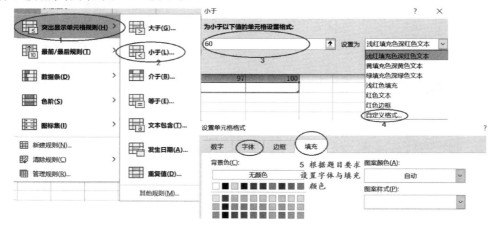

图 6-35　条件格式操作步骤

1	软件技术2班部分成绩表					
2						制表日期：2021年2月1日
3	学号	姓名	性别	高等数学	大学英语	计算机基础
4	001	伊一	女	62	78	63
5	002	二嘎	男	91	89	98
6	003	张三	男	87	83	80
7	004	李四	男	76	93	78
8	005	赵武	男	86	78	79
9	006	陆六	男	53	68	48
10	007	小七	女	89	95	92
11	008	灭霸	男	54	79	87
12	009	九妹	女	99	97	100
13						

图 6-36　操作结果

6.2.4　小结练习

按照要求完成如图 6-37 所示的表格，具体要求如下：

A软件学院学生基本情况表					
学号	姓名	出生日期	联系电话	身份证号	缴费
0090101	王华	1993/9/3	18912110982	320568199309031230	¥12,340.00
0090102	李琳	1993/6/4	18609432345	320568199306041231	¥12,340.00
0090103	高原	1994/8/5	18789098734	320568199408051232	¥12,340.00
0090104	赵斌	1993/9/6	18634569081	320568199309061233	¥12,340.00
0090105	赵爱民	1993/12/7	13409871234	320568199312071234	¥12,340.00
0090106	王建国	1992/1/8	13609852098	320568199210081235	¥12,340.00
0090107	欧阳叶文	1994/9/9	13908321230	320568199309091236	¥12,340.00
0090108	唐梦	1994/3/15	18609858908	320568199303151237	¥12,340.00

图 6-37　A 软件学院学生基本情况表

1. 创建表格，并完成各个单元格数据的录入。

2. 完成标题行单元格的合并与居中。

3. 设置各列的数据单元格格式:要求"学号""联系电话""身份证号"三列的数字格式设置为"文本","出生日期"列的数据设置为日期格式,年、月、日用"/"隔开,"缴费"一列的数据设置为"货币",货币符号为"￥",保留小数点后 2 位。

6.3 Excel 2016 的公式与函数的使用

学习目标

- 了解 Excel 2016 的数据类型以及常用的运算符号。
- 熟练使用公式与函数对数据进行计算。

6.3.1 认识与使用公式

1. 公式的概念

在 Excel 中,一般使用公式和函数完成对数据的分析和运算。公式以"="开头,通过各种运算符将值或常量和单元格引用、函数的返回值等组合起来。公式输入后,系统会自动计算其结果,并将结果显示在相应的单元格中。

下面分别对公式中参与运算的几种数据对象和运算符常用类型做一简单解释和说明。

- 常量:是指直接通过键盘输入公式中的数值或文本,即使公式被复制到其他单元格中,其数值也不会发生变化。
- 单元格引用:有的时候公式中需要计算的数值来自单元格,可以利用公式的引用功能对所需的单元格数据直接进行引用,引用的方式便是单击选择或输入单元格地址。

这个时候一旦对公式进行复制,就存在相对引用和绝对引用的区别。

- 单元格区域引用:和引用单元格的意义相同,只不过这里是一个区域,表示一个数据集,同样,一旦对公式进行复制,也存在相对引用和绝对引用的区别。
- 系统内部函数:是 Excel 应用程序自带的函数和参数,每一个函数和参数都有其特定的意义和使用方法,因此,其本质上就是系统预定义的一些公式,用户可以直接利用函数对某一个数值或单元格(区域)中的数据进行计算。
- 运算符:主要用于标识公式中各个数据对象进行的特定类型的运算。Excel 中主要包含 4 种运算符:算术运算符、比较运算符、逻辑运算符和文本连接符。当一个公式中同时使用多个运算符时,系统会按照运算符的优先级依次进行运算,如表 6-1 所示。若公式中包含相同优先级的运算符,则按照从左到右的次序依次进行计算,因此,若需要更改数值的运算顺序,可以将公式中需要首先计算的部分用括号括起来。

表 6-1　运算符的优先级

运算符	优先级	备注
:(冒号)、,(逗号)、空格	1	引用运算符
-	2	负号(数学运算符)
%	3	百分号(数学运算符)
^	4	幂运算(数学运算符)
*与/	5	乘与除(数学运算符)
+与-	6	加与减(数学运算符)
&	7	字符串连接
>、<、>=、<=	8	比较运算符

2. 公式的输入

在 Excel 中,输入公式的方法和输入文本的方法类似,只需要将公式输入对应的单元格中,具体操作步骤如下:

① 选定需要输入公式的单元格。

② 在单元格或数据编辑区输入"=",然后输入公式的内容。

③ 按【Enter】键或者单击编辑栏中的"√",则显示公式的计算结果。

在输入公式的过程中需要注意以下两个方面:

① 在编辑区或者单元格中输入公式时,单元格地址可以通过键盘输入,也可以直接单击,这时候单元格地址会自动显示在编辑区。

② 双击公式、利用编辑栏或按【F2】功能键,可以随时对公式进行重新编辑和修改。

3. 公式的填充

在输入公式完成计算后,如果该列或该行后面的其他单元格也同样采用相同的公式,则可以通过自动填充的方式进行公式填充。具体的操作方法为:将鼠标指针移至该单元格右下角的控柄上,当其变为"+"形状时,按住鼠标左键不放并拖动至所需位置,释放鼠标,即完成公式的填充。在公式的自动填充过程中,要注意单元格地址的相对引用与绝对引用,其相关概念在后面将做详细的介绍。

4. 公式的复制与移动

为了完成快速计算,通常需要进行公式的复制。在复制公式的过程中,Excel 会自动调整引用单元格的地址,无须手动输入,提高了工作效率。移动公式即将原始单元格的公式移动到其他单元格,公式在移动过程中不会根据单元格的位移情况发生改变。复制与移动公式的方法与移动其他数据的方法相同,这里不做赘述。

5. 单元格地址的引用

在复制公式以及填充公式时,单元格地址的正确使用十分重要。Excel 中单元格的地址分为相对引用、绝对引用和混合引用三种。

(1) 相对引用

相对引用是指输入公式时直接通过单元格地址来引用单元格。相对引用单元格后,如果复制或剪切公式到其他单元格，那么公式中引用的单元格地址会根据复制或剪切的位置而发生相应改变。如图 6-38 所示，F3 单元格的公式为“ = AVERAGE(C3:E3)”，将公式复制到 F4 单元格，公式变为“ = AVERAGE(C4:E4)”，此种引用则为相对引用。

	A	B	C	D	E	F
1	某学校学生成绩表					
2	学号	组别	数学	语文	英语	平均成绩
3	A1	一组	112	98	106	105.333
4	A2	一组	98	103	109	103.333

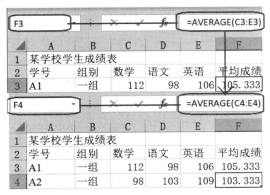

图 6-38　相对引用

(2) 绝对引用

绝对引用是指无论引用单元格的公式位置如何改变，所引用的单元格均不会发生变化。绝对引用的形式是在单元格的行号、列标前加上符号“ $ ”。在如图 6-39 左图所示的表格中，要求每个季度销售额占全年销售额的百分比，C3 单元格的公式为“ = B3/B7”，但是在自动填充其他单元格的时候发生错误，原因是其他单元格的分母在自动填充过程中依次变为 B8、B9、B10。如果将分母写为“$B $7”，再次填充，则正确显示各季度百分比，如图 6-39右图所示。

	A	B	C
1	某产品2020年销量统计表 (单位:万元)		
2	季度	销售额	所占百分比
3	第一季度	332	30.49%
4	第二季度	156	#DIV/0!
5	第三季度	180	#DIV/0!
6	第四季度	421	#DIV/0!
7	总销售额	1089	

	A	B	C
1	某产品2020年销量统计表 (单位:万元)		
2	季度	销售额	所占百分比
3	第一季度	332	30.49%
4	第二季度	156	14.33%
5	第三季度	180	16.53%
6	第四季度	421	38.66%
7	总销售额	1089	

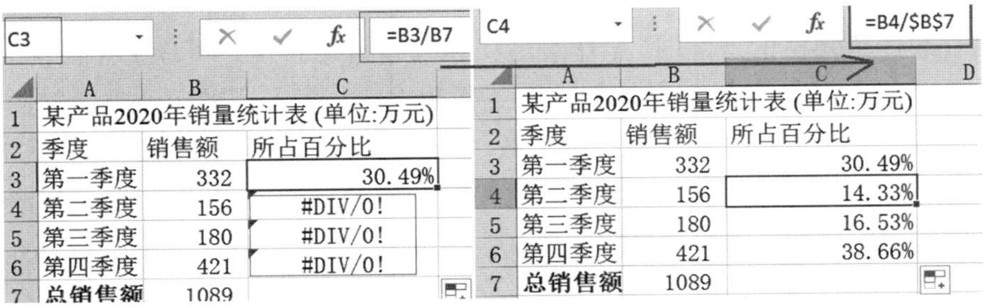

图 6-39　绝对引用

(3) 混合引用

混合引用包含了相对引用和绝对引用。混合引用有两种形式，一种是行绝对、列相对，如“A $7”，表示行不发生变化，但是列会随着新的位置发生变化；另一种是行相对、列绝对，如“$A7”，表示列不变，但是行会随着新的位置而发生变化。

【例 6-4】　利用 Excel 建立九九乘法表。

① 在 A1 至 I1 单元格中分别输入 1,2,3,…,9，在 A2 至 A9 单元格中分别输入 2,3,…,9。在 B2 单元格中输入公式“ = A2 * B1”，按【Enter】键，得到结果“4”。

② 通过自动填充公式来完成第 2 列数据的输入。向下填充时，保证第一个乘数最左列不动($A)而行跟着变动，希望第二个乘数的最上行不动($1)而列跟着变动，因此将 B2

单元格中的公式更改为"=$A2*B$1"。拖动 B2 单元格右下角的填充柄向下复制公式，拖至 B9 单元格后释放鼠标左键。

③ 拖动 B2 单元格右下角的填充柄向右复制公式，拖至 I1 单元格后释放鼠标左键。

④ 拖动 I2 单元格右下角的填充柄向下复制公式，拖至 I9 单元格后释放鼠标左键。

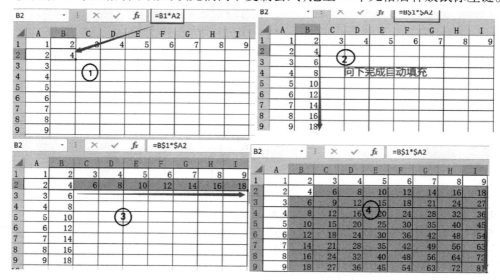

图 6-40　九九乘法表操作步骤

（4）跨工作表的单元格地址引用

引用单元格地址的一般形式为：[工作簿文件名]工作表名！单元格地址。

在引用当前工作簿的各工作表的单元格地址时，当前"[工作簿文件名]"可以省略，引用当前工作表的单元格的地址时"工作表名！"也可以省略。用户可以引用当前工作簿的另一张工作表的单元格，也可以引用同一个工作簿中多张工作表的单元格。如图 6-41 所示为引用当前工作簿中其他工作表的单元格，要在"2020 年销售统计表"中计算销售额的完成率，需要用各个季度的实际销售额除以"2020 年销售计划表"中的目标销售额，单元格的引用地址应该写为"'2020 销售计划表'！B3"。

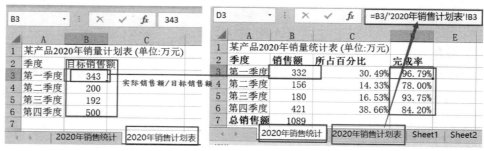

图 6-41　跨工作表的单元格地址引用

6.3.2 函数的使用

函数相当于预设好的公式，通过这些函数可以简化公式的输入过程，提高工作效率。

Excel 中的函数主要包括"财务""统计""逻辑""文本""日期和时间""查找与引用""数学和三角函数""工程""多维数据集""信息"等。函数一般包括"＝""函数名称""函数参数"三个部分,其中函数名称表示函数的功能,每个函数都具有唯一的函数名称。函数参数指函数运算对象,可以是数字、文本、逻辑值、表达式、引用或其他函数等。

1. 函数的插入

在 Excel 中插入函数有两种方法:直接输入法和粘贴函数法。

（1）直接输入法

使用直接输入法在单元格或编辑栏中插入公式,首先输入"＝",再输入函数名和参数。其操作步骤如图 6-42 所示。

① 选定要输入函数的单元格。
② 在编辑栏中输入"＝"。
③ 从函数下拉列表中选择所需函数,在弹出的参数对话框中添加参数（图 6-43）。
④ 单击"确定"按钮,完成输入,发现计算结果已经显示在单元格中。

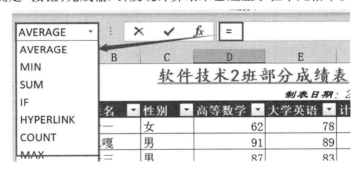

图 6-42　直接输入法

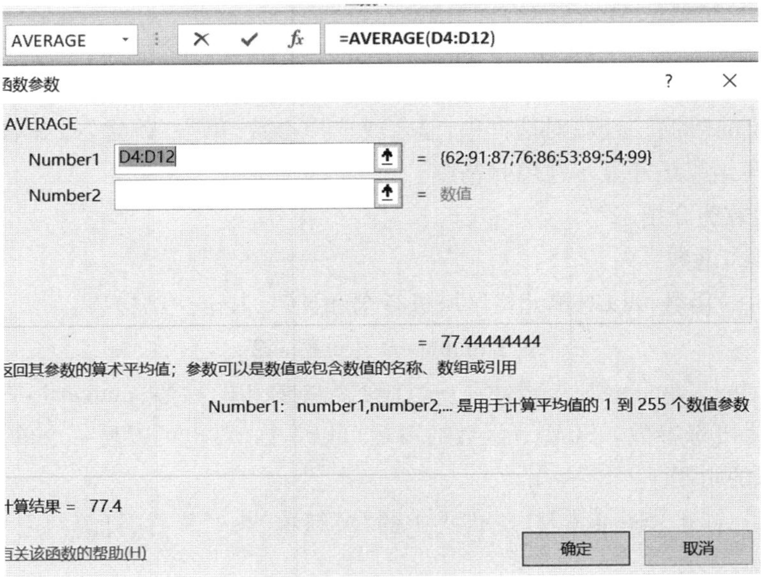

图 6-43　函数参数对话框

（2）粘贴函数法

具体操作步骤如下：

① 选定要输入函数的单元格。

② 单击"公式"选项卡下的"函数库"组中的"插入函数"按钮 fx。

③ 弹出"插入函数"对话框，如图6-44所示，输入要搜索的函数关键字。

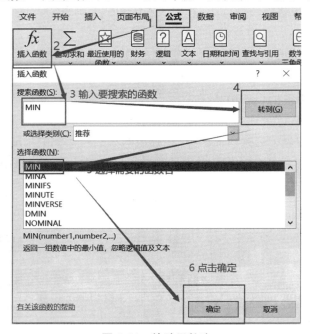

图6-44 粘贴函数法

④ 单击"转到"，完成函数的搜索。

⑤ 选择需要的函数。

⑥ 单击"确定"按钮。

⑦ 在弹出的"函数参数"对话框中，输入或选择参数，单击"确定"按钮，即完成函数的插入，发现计算结果已经显示在单元格中。

2. 常用函数的介绍

（1）SUM( )函数

使用SUM( )函数可以对单元格区域进行求和计算，其语法结构为

$$SUM(number1,[number2])$$

其中，number1，number2，…表示1—255个需要求和的参数，number1是必需的参数，number2……为可选参数。SUM( )函数的参数可以是数值，也可以是一个单元格引用或一个单元格区域的引用。

【例6-5】 打开"Excel素材"文件夹中的"成绩单.xlsx"文件，计算每个学生所有科目的总分。

如图6-45所示，在G4单元格中插入公式"SUM(D4:F4)"，计算三科成绩之和，通过向

下自动填充完成其他学生的总分计算。

学号	姓名	性别	高等数学	大学英语	计算机基础	三科总分
001	伊一	女	62	78	63	203
002	二嘎	男	91	89	98	278
003	张三	男	87	83	80	250
004	李四	男	76	93	78	247
005	赵武	男	86	78	79	243
006	陆六	男	53	68	48	169
007	小七	女	89	95	92	276
008	灭霸	男	54	79	87	220
009	九妹	女	99	97	100	296

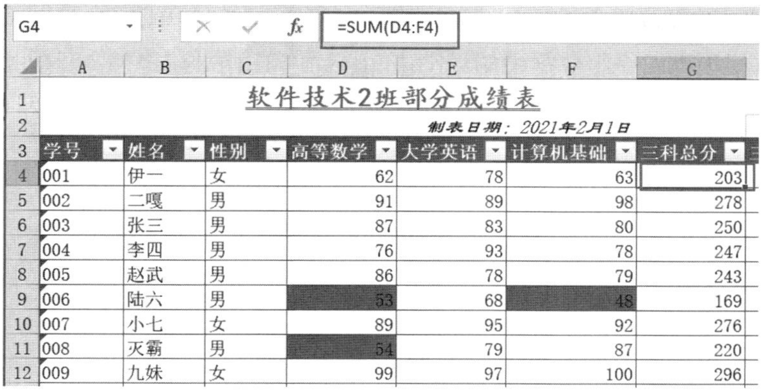

图 6-45　计算三科总分

（2）AVERAGE( )函数

AVERAGE( )函数用于返回所选单元格或单元格区域中数据的平均值，其语法结构为

AVERAGE(number1，[number2]，…)

AVERAGE( )函数的参数与 SUM( )函数类似，其中的 number1 为必需参数，number2……为可选参数。

【例 6-6】 打开“Excel 素材”文件夹中“成绩单. xlsx”文件，计算每个学生所有科目的总分以及班级各科成绩的平均分。

如图 6-46 所示，在“H4”单元格中插入公式“AVERAGE(D4：F4)”计算三科成绩平均值，通过向下自动填充完成其他学生三科成绩平均值的计算。在“D13”单元格中插入公式“AVERAGE(D4：D12)”向右填充完成班级每科成绩的平均分计算，选中所有平均分单元格，选择“设置单元格格式”，设置保留小数点后 2 位。

学号	姓名	性别	高等数学	大学英语	计算机基础	三科总分	三科平均
001	伊一	女	62	78	63	203	67.67
002	二嘎	男	91	89	98	278	92.67
003	张三	男	87	83	80	250	83.33
004	李四	男	76	93	78	247	82.33
005	赵武	男	86	78	79	243	81.00
006	陆六	男	53	68	48	169	56.33
007	小七	女	89	95	92	276	92.00
008	灭霸	男	54	79	87	220	73.33
009	九妹	女	99	97	100	296	98.67
		平均分	77.44	84.44	80.56	242.44	80.81

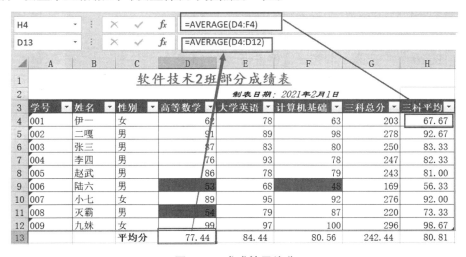

图 6-46　求成绩平均分

（3）MAX( )、MIN( )函数

MAX( )函数用于返回一组数据中的最大值，其语法结构为

$$\text{MAX}(\text{Number1}，\text{Number2}，\cdots)$$

参数 Number1，Number2……表示要计算最大值的 1—255 个参数。

MIN 函数用于返回一组数据中的最小值，其参数和用法与 MAX( ) 函数相同。

【例 6-7】 打开"Excel 素材"文件夹中的"成绩单.xlsx"文件，计算各科成绩的最高分与最低分。

在单元格中输入"＝MAX(D4:D12)"，可以计算出"高等数学"的最高分，在单元格中输入"＝MIN(D4:D12)"可计算出"高等数学"的最低分。其他科目的最高分、最低分可以通过自动填充来实现。

(4) SUMIF( ) 函数

SUMIF 函数用于返回符合条件的单元格内的数据和，其语法结构为

$$\text{SUMIF}(\text{Range}，\text{Criteria}，\text{Sum\_range})$$

其中，参数 Range 为条件区域，即用于条件判断的单元格区域。参数 Criteria 为求和条件，由数字、逻辑表达式等组成判定条件。参数 Sum_range 为实际求和区域，即需要求和的单元格、区域或引用。当省略第三个参数时，则条件区域就是实际求和区域。Criteria 参数中使用通配符[包括问号(？)和星号(＊)]。问号匹配任意单个字符；星号匹配任意一串字符。如果要查找实际的问号或星号，请在该字符前键入波形符（～）。

(5) COUNT( )、COUNTIF( ) 函数

COUNT( ) 函数用于返包含数字以及包含参数列表中的数字的单元格的个数。其语法结构为

$$\text{COUNT}(\text{Value1}，\text{Value2}，\cdots)$$

其中参数 Value1，Value2……为包含或引用各种类型数据的参数(1—30 个)，但只有数字类型的数据才被计算。

在使用 COUNT( ) 函数时，需要特别注意以下几点：

① 使用 COUNT( ) 函数计数时，将把数字、日期或以文本代表的数字计算在内，但是错误值或其他无法转换成数字的文字将被忽略。

② 如果参数是一个数组或引用，那么只统计数组或引用中的数字，数组或引用中的空白单元格、逻辑值、文字或错误值都将被忽略。

③ 如果要统计逻辑值、文字或错误值，请使用函数 COUNTA( )。

COUNTIF( ) 函数用于统计某个单元格区域中符合指定条件的单元格数目，其语法结构为

$$\text{COUNTIF}(\text{Range}，\text{Criteria})$$

其中，Range 代表要统计的单元格区域，Criteria 表示指定的条件表达式，条件的形式可以是数字、表达式或文本，甚至可以使用通配符。

【例 6-8】 打开"Excel 素材"文件夹中的"成绩单.xlsx"文件，计算各科成绩的及格率与优秀率。

分析：及格率＝(成绩大于等于 60 的人数)/总人数，优秀率＝(成绩大于等于 90 的人数)/总人数。因此，要求及格率以及优秀率，首先需要统计成绩大于 60 的人数、成绩大于

等于 90 的人数以及总人数。以"高等数学"为例，其他科目可以自动填充，具体操作步骤如下：

① 调用函数 COUNT( )统计"高等数学"总人数，在指定单元格中输入公式"=COUNT(D4:D12)"或选择函数后在弹出的对话框中设置统计范围。

② 调用函数 COUNTIF( )，分别统计大于等于 60 以及大于等于 90 的人数，在弹出的参数对话框中设置范围与条件，如图 6-47 所示，单击"确定"按钮。

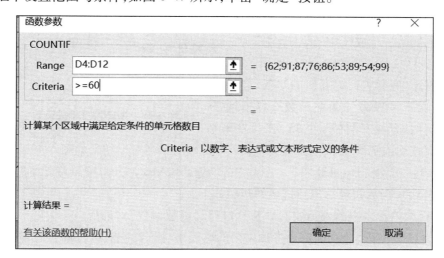

图 6-47　COUNTIF( )函数统计及格的人数

③ 用及格的人数除以总人数，并将相关单元格的单元格格式设置为百分数，保留小数点后 2 位，如图 6-48 所示。

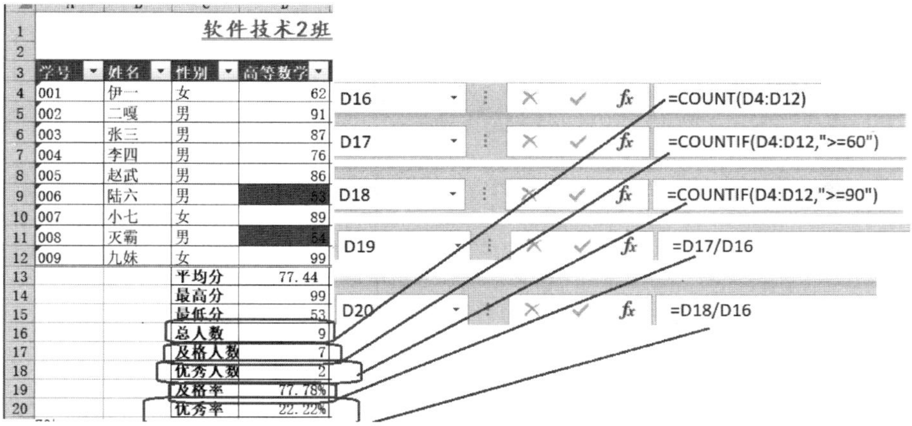

图 6-48　优秀率与及格率的计算

④ 通过自动填充的方式完成其他两个成绩优秀率与及格率的计算。

（6）RANK( )函数

RANK( )函数用来返回某数字在一列数字中相对于其他数值的大小排名。其语法结构为

RANK（Number，Ref，Order）

其中，Number 参数是要在数据区域中进行比较的指定数据；Ref 参数是将进行排名的数值范围，非数值将会被忽略；Order 参数用来指定排序的方式，其取值为 0 或者忽略，表示降序排列，非 0 值表示升序排列。注：在"Ref"文本框中输入的单元格区域必须是绝对引用，如果是单元格区域的相对引用，排名则容易出现错误。

RANK.EQ( )和原来的 R( )函数功能完全一样，没有差异。其赋予重复数以相同的排位。例如，按照成绩降序排列，假设班级内有 2 个 95 分，且排名第 5，则下一个成绩 94 分则排名第 7。

RANK.AVG( )函数的定义及用法也与 RANK 相同，但是当遇到重复值的时候，会返回平均排名，而不是像另外两个函数一样返回最高的排名。例如，若表中有两个 95 分，排在第 5 与第 6 则取平均值 5.5，后面的排名为 7。三种函数的排名对比结果如图 6-49 所示。

成绩	RANK	RANK.EQ	RANK.AVG
97	3	3	3
96	4	4	4
95	5	5	5.5
95	5	5	5.5
99	1	1	1
98	2	2	2
94	7	7	7
92	8	8	8

图 6-49　RANK( )相关函数名次对比

【例 6-9】 打开"Excel 素材"文件夹中的"成绩单.xlsx"文件，按照总成绩进行排名。

调用 RANK 函数实现总成绩排名的步骤如下：

① 在相关单元格中插入函数 RANK( )，打开"函数参数"对话框。

② 确定函数参数，分别确定要参加排名的单元格、排名的范围（注意使用绝对地址，防止自动填充发生错误），由于成绩排名是按照降序排列，参数 Order 设置为 0，如图 6-50 所示。

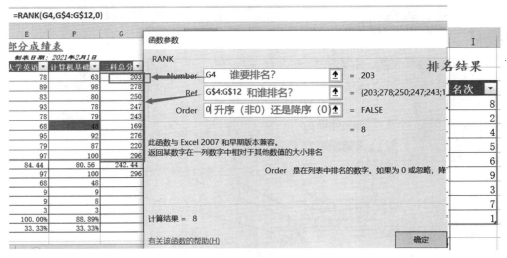

图 6-50　总成绩排名

③ 利用自动填充功能，完成其他学生成绩的排名。

（7）IF( )函数

IF( )函数用于判断一个条件是否满足，如果满足，返回一个值；如果不满足，则返回另一个值。其语法结构如下所示：

IF(Logical_test,Value_if_true,Value_if_false)

其中,参数 Logical_test 是条件判断,其结果为 TRUE 或 FALSE,多个条件可以使用逻辑运算符 AND(逻辑与)、OR(逻辑或)、NOT(逻辑非),对多个条件就进行逻辑组合。如果判断返回 TRUE,那么 IF( )函数返回值是第二参数 Value_if_true,否则返回第三参数 Value_if_false。

【例 6-10】 打开"Excel 素材"文件夹中的"成绩单.xlsx"文件,按照总成绩将高于 200 分的标注为"达标",低于 200 分的标注为"未达标"。

分析:需要判断 G4:G12 单元格的成绩是否大于等于 200,若条件满足,则返回文本"达标";若不满足,则返回"未达标"。具体操作步骤如下:

① 在相关单元格中插入函数 IF( ),打开 IF( )函数参数对话框。
② 确定函数参数,分别确定条件、三个参数,如图 6-51 所示。
③ 利用自动填充功能,完成其他学生成绩的标注。

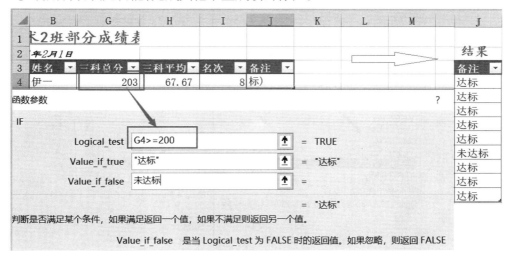

图 6-51 IF( )函数判断总成绩是否达标

(8) YEAR( )、MONTH( )、DAY( )等函数

YEAR( )函数用于返回对应某个日期的年份,该函数计算的结果是 1 900～9 999 之间的整数。MONTH( )函数用于计算日期所代表的月份。DAY( )函数用于计算一个序列数所代表的日期在当月的天数。其语法结构如下:

YEAR(Serial_number)

其中,Serial_number:指定将要计算年份的日期。MONTH( )函数与 DAY( )函数的语法结构与 YEAR( )类似,在这里不再赘述。

【例 6-11】 在"发货清单.xlsx"文件中,根据发货日期,提取出年、月、日。

① 单击要插入函数的单元格,输入"=",然后在函数下拉列表框中选择"其他函数"(图 6-52)。
② 在弹出的"插入函数"对话框中直接搜索"YEAR"或者在"或选择类别"下拉列表框

中选择"日期与时间",找到 YEAR( )函数(图6-53)。

③ 在弹出的 YEAR( )函数参数对话框中,选择日期所在的单元格,单击"确定"按钮(图 6-54),完成年份的提取,并自动填充,完成其他单元格年份的提取。

④ 重复以上步骤,在其他单元格中插入 MONTH( )函数以及 DAY( )函数,完成月份以及日的提取。

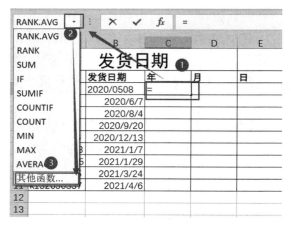

图 6-52　拆分年份

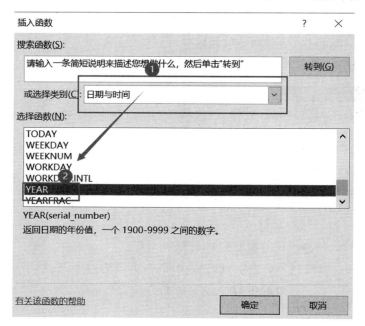

图 6-53　插入 YEAR( )函数

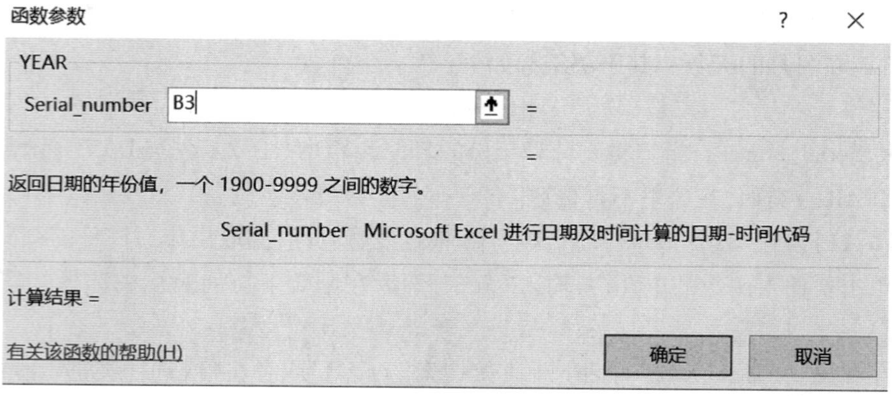

图 6-54　YEAR( )函数参数对话框

6.3.3 小结练习

1. 打开"Excel 素材\练习"文件夹中的"某单位员工年龄统计表.xlsx",按照要求完成以下操作:

(1) 将 Sheet1 工作表的 A1:C1 单元格合并为一个单元格,内容水平居中。

(2) 在 E4 单元格内计算所有职工的平均年龄[利用 AVERAGE( )函数,数值型,保留小数点后 1 位]。

(3) 在 E5 和 E6 单元格内计算男职工人数和女职工人数[利用 COUNTIF( )函数]。

(4) 在 E7 和 E8 单元格内计算男职工的平均年龄和女职工的平均年龄[先利用 SUMIF( )函数实现,要求平均年龄为数值型数据,保留小数点后 1 位]。

(5) 将工作表命名为"年龄统计表",保存该文件。

2. 打开"Excel 素材\练习"文件夹中的"某高校学生考试成绩表.xlsx",按照要求完成以下操作:

(1) 将 Sheet1 工作表的 A1:G1 单元格合并为一个单元格,内容水平居中。

(2) 计算总成绩列的内容和按总成绩递减次序排名[利用 RANK( )函数]。

(3) 如果高等数学、大学英语的成绩均大于或等于 75,在备注栏内给出信息"有资格",否则给出信息"无资格"[利用 IF( )函数实现]。

(4) 将工作表命名为成绩统计表,保存该文件。

6.4 Excel 2016 的数据管理

学习目标

- 掌握 Excel 数据分列的方法与步骤。
- 掌握 Excel 数据匹配的方法与步骤。
- 掌握 Excel 数据排序的方法与步骤。
- 掌握 Excel 数据筛选的方法与步骤。
- 掌握 Excel 的分类汇总与合并计算。

6.4.1 数据分列

数据分列是指在数据表中截取某一字段的部分信息,提高数据分析效率,并且对这些信息进行更加准确的深入分析,得到更为理想的分析结果。

下面介绍数据分列的步骤。

① 选择需要转换的数据区,在"数据"选项卡下的"数据工具"组中单击"分列"按钮,

如图 6-55 所示。

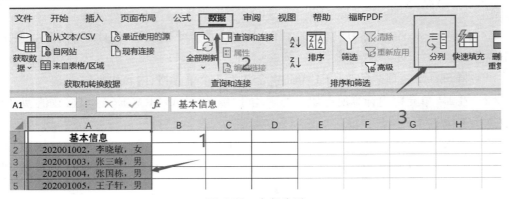

图 6-55　字段分列

② 在"文本分列向导-第 1 步,共 3 步"对话框中选中"分隔符号"单选按钮,然后单击"下一步"按钮,如图 6-56 所示。

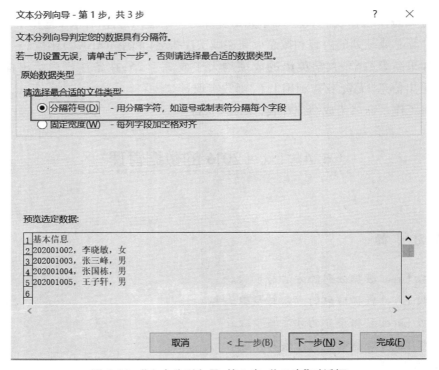

图 6-56　"文本分列向导-第 1 步,共 3 步"对话框

③ 在弹出的"文本分列向导-第 2 步,共 3 步"对话框中,根据需要选择分隔符号。表格中的数据是以","符号分开的(图 6-57),所以选中"其他"复选框,在复选框后面输入",",可以在对话框的下方预览分栏效果,单击"下一步"按钮。

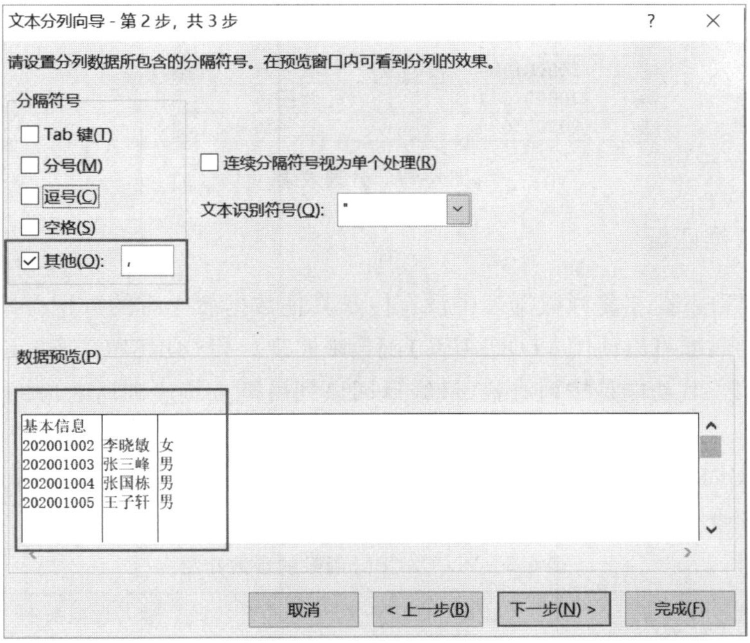

图 6-57 "文本分列向导-第 2 步,共 3 步"对话框

④ 在弹出的"文本分列向导-第 3 步,共 3 步"对话框中,根据需要设置列数据的格式,格式设置完成后,单击"完成"按钮,就完成了数据的分列,效果如图 6-58 所示,然后根据实际要求设置表格的样式与字段名即可。最终效果如图 6-59 所示。

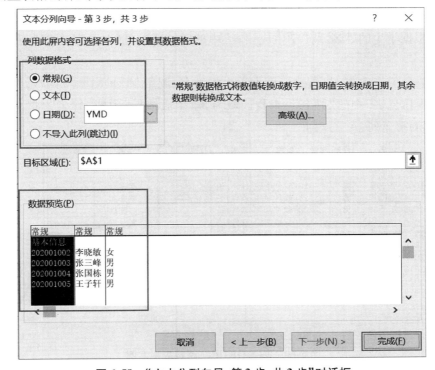

图 6-58 "文本分列向导-第 3 步,共 3 步"对话框

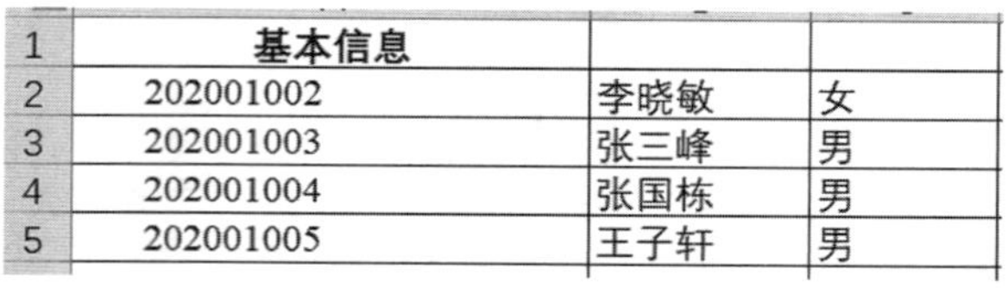

1	基本信息		
2	202001002	李晓敏	女
3	202001003	张三峰	男
4	202001004	张国栋	男
5	202001005	王子轩	男

图 6-59　分列效果

6.4.2　数据匹配

所谓数据匹配,是指将原数据表中没有但是其他数据表中有的数据有效地匹配过来。Excel 中数据的匹配可以使用 VLOOKUP( ) 函数来实现。VLOOKUP( ) 函数是 Excel 中的一个纵向查找函数,其功能是按列查找,最终返回该列所需查询序列所对应的值。该函数的定义如下:

VLOOKUP(Lookup_value,Table_array,Col_index_num,Range_lookup)

其中,相关参数的说明如表 6-2 所示。

表 6-2　VLOOKUP( ) 函数的参数介绍

参数	说明	输入数据类型
Lookup_value	要查找的值	数值、引用或文本字符串
Table_array	要查找的区域	数据表区域
Col_index_num	返回数据在查找区域的第几列数	正整数
Range_lookup	精确匹配/近似匹配	FALSE(或 0)/TRUE(或 1 或不填)

【例 6-12】　如图 6-60 所示,打开"Excel 素材"文件夹中的"学生基本信息与成绩.xlsx"文件,根据学生的姓名,将"学生成绩表"中的成绩匹配到"学生基本信息表"中的"成绩"列。

分析:两个工作表中,共同的信息为学生的姓名,调用 VLOOKUP( ) 函数,要查找的值为"学生基本信息表"中的"姓名",查找区域为"学生成绩表"中的"姓名"与"成绩"列,返回查找区域的第 2 列。

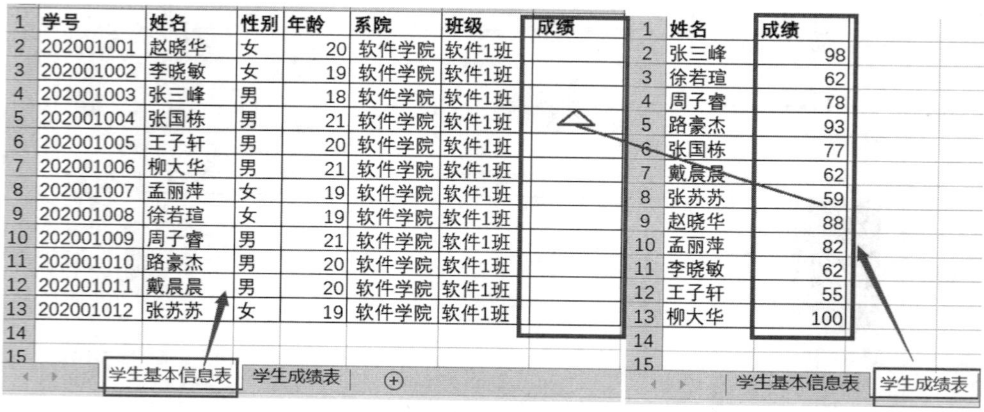

	学号	姓名	性别	年龄	系院	班级	成绩
2	202001001	赵晓华	女	20	软件学院	软件1班	
3	202001002	李晓敏	女	19	软件学院	软件1班	
4	202001003	张三峰	男	18	软件学院	软件1班	
5	202001004	张国栋	男	21	软件学院	软件1班	
6	202001005	王子轩	男	20	软件学院	软件1班	
7	202001006	柳大华	男	21	软件学院	软件1班	
8	202001007	孟丽萍	女	19	软件学院	软件1班	
9	202001008	徐若瑄	女	19	软件学院	软件1班	
10	202001009	周子睿	男	21	软件学院	软件1班	
11	202001010	路豪杰	男	20	软件学院	软件1班	
12	202001011	戴晨晨	男	20	软件学院	软件1班	
13	202001012	张苏苏	女	19	软件学院	软件1班	

学生基本信息表　学生成绩表

	姓名	成绩
2	张三峰	98
3	徐若瑄	62
4	周子睿	78
5	路豪杰	93
6	张国栋	77
7	戴晨晨	62
8	张苏苏	59
9	赵晓华	88
10	孟丽萍	82
11	李晓敏	62
12	王子轩	55
13	柳大华	100

学生基本信息表　学生成绩表

图 6-60　VLOOKUP( ) 函数应用案例

① 在相关单元格中插入 VLOOKUP( ) 函数,打开 VLOOKUP( ) 函数参数对话框。
② 确定函数参数,如图 6-61 所示。

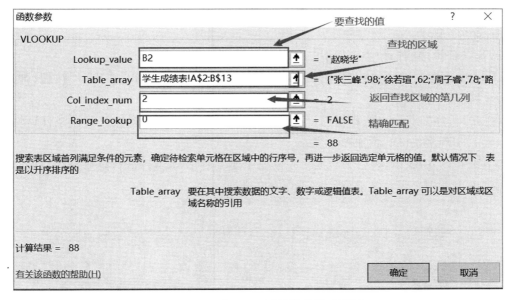

图 6-61　VLOOKUP( ) 函数参数对话框

③ 自动填充,完成"学生基本信息表"中的成绩自动填充。

6.4.3　数据排序

排序就是将表格中的数据按照一定的条件进行排列,Excel 中的排序分为简单排序、根据条件排序以及自定义排序三种方式。

1. 简单排序

选中数据区域,在"开始"选项卡下的"编辑"组中单击"排序和筛选"按钮,在下拉列表中选择"升序" 或"降序" 命令即可,如图 6-62 所示。

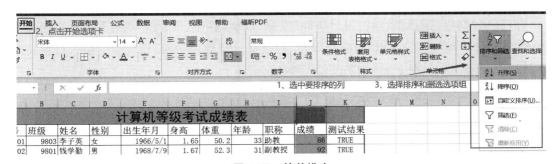

图 6-62　简单排序

排序过程中,以"升序"为例,如果排序的对象是数字,则按其从小到大的顺序排序;如果对象是文本,则按首字符的英文字母 A—Z 的顺序排序;如果对象是逻辑值,则按 FALSE 值在前、TRUE 值在后的顺序排序。

2. 根据条件排序

根据条件排序,就是在进行简单排序的过程中,如果一个条件中遇到重复的数据可以增加条件,以第二个或第三个条件为标准来继续进行自动排序,或者不仅仅只是按照升序或降序来进行排序。

根据条件排序的操作步骤如下:

① 选中数据区域,在"数据"选项卡下的"排序和筛选"组中单击"排序"按钮,弹出如图 6-63 所示的对话框。

② 在"排序"对话框中,根据题目要求通过"添加条件""删除条件""复制条件"等几个选项按钮,实现多条件的添加和设置。

例如,在图 6-63 中,表格中数据将先根据主要关键字"成绩"进行降序排序,如果成绩相同,那么再根据次要关键字"学号"进行升序排列。

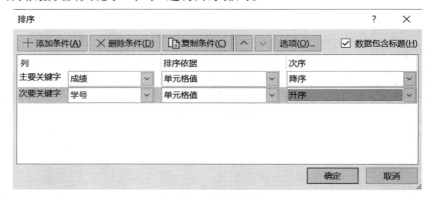

图 6-63 根据条件排序

3. 自定义排序

在 Excel 中,除了可以按照简单的升序或降序进行排序之外,还可以按照用户指定的顺序进行排序,这便是自定义排序。

自定义排序的操作步骤如下:

① 选中数据区域,在"数据"选项卡下的"排序和筛选"组中单击"排序"按钮。

② 弹出"排序"对话框,单击设置条件"次序"右侧的下三角按钮,从展开的下拉列表中选择"自定义序列"选项,弹出"自定义序列"对话框,在"输入序列"列表框中输入自定义的序列,如图 6-64 所示(注意:序列需要换行输入)。

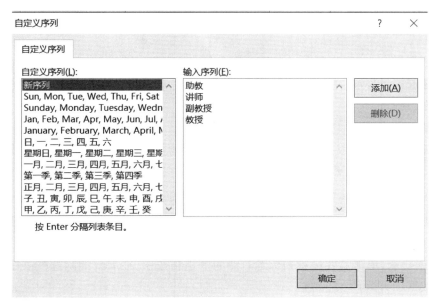

图 6-64 "自定义序列"对话框

③ 单击"添加"按钮,自定义的序列(助教、讲师、副教授、教授)将保存在 Excel 表格的"自定义序列"对话框中,排序时,只需要单击"次序"右侧的下三角按钮,从展开的下拉列表中选择刚刚定义的自定义序列即可。排序结果如图 6-65 所示。

计算机等级考试成绩表

学号	班级	姓名	性别	出生年月	身高	体重	年龄	职称	成绩	测试结果
1001	9803	李子英	女	1966/5/1	1.65	50.2	33	助教	86	TRUE
1004	9802	周玉芬	女	1968/12/4	1.56	54.3	31	助教	52	FALSE
1006	9801	张雯雯	女	1966/5/18	1.66	55.7	33	助教	89	TRUE
1014	9803	华玲	女	1966/2/3	1.64	59.2	33	助教	91	TRUE
1019	9801	王飞花	女	1967/4/21	1.54	56.2	32	助教	79	TRUE
1021	9803	陆海浪	男	1966/5/18	1.75	62.3	33	助教	74	TRUE
1024	9802	林永平	男	1967/4/5	1.68	67.5	32	助教	92	TRUE
1025	9803	邓中柱	男	1968/12/4	1.72	68.5	31	助教	57	FALSE
1029	9802	朱总前	男	1964/7/10	1.69	58.9	35	助教	56	FALSE
1003	9803	施剑华	男	1954/8/9	1.75	60.5	45	讲师	79	TRUE
1008	9802	丁一萍	女	1968/7/4	1.67	64	31	讲师	78	TRUE
1013	9802	刘正鹤	男	1963/7/24	1.73	62.3	36	讲师	77	TRUE
1020	9801	赵爱民	男	1964/3/21	1.7	67	35	讲师	76	TRUE
1024	9802	邹夏天	男	1965/7/8	1.64	62.4	34	讲师	48	FALSE
1028	9803	黄兴	男	1964/7/2	1.77	70.2	35	讲师	76	TRUE
1002	9801	钱学勤	男	1968/7/9	1.67	52.3	31	副教授	92	TRUE
1005	9803	祁建国	男	1965/7/8	1.69	58.1	34	副教授	72	TRUE
1007	9803	史宾	男	1958/10/7	1.8	75.1	41	副教授	76	TRUE
1009	9802	张庆	男	1967/4/23	1.75	68.1	41	副教授	90	TRUE
1012	9801	曾铁	男	1959/7/30	1.76	69.2	40	副教授	55	FALSE
1016	9803	苏菊妹	女	1956/7/16	1.62	57.1	43	副教授	83	TRUE
1018	9802	关云杰	男	1958/6/24	1.65	66.5	41	副教授	90	TRUE
1023	9801	贾青云	男	1958/6/6	1.67	58.2	41	副教授	76	TRUE
1026	9803	江来运	男	1959/7/30	1.73	67.3	40	副教授	91	TRUE
1010	9803	包冬青	男	1959/7/30	1.7	61.1	46	教授	75	TRUE
1011	9801	徐富民	男	1958/6/15	1.75	62.3	48	教授	69	TRUE
1015	9803	金琴心	女	1955/4/30	1.62	53.8	44	教授	28	FALSE
1017	9802	由学贵	男	1948/7/25	1.75	62.3	51	教授	76	TRUE
1022	9801	霍春明	女	1956/4/30	1.82	75.3	43	教授	95	TRUE
1027	9802	唐家驹	男	1964/7/9	1.73	64.5	35	教授	94	TRUE

图 6-65 自定义排序结果

6.4.4 数据筛选

所谓数据筛选,是指将表格中满足一定条件的数据记录罗列出来,将不满足条件的记录暂时隐藏起来。Excel 中,从操作方法和难易程度上可以将数据筛选分为自动筛选、自定义筛选和高级筛选。

1. 自动筛选

自动筛选是指直接根据表格中一个或几个字段的数据项,查找与某一个数据项相同的数据记录。自动筛选可以在列标题的下拉列表框中直接进行选择,其操作步骤如下:

① 选中数据区域,在"数据"选项卡下的"排序和筛选"组中单击"筛选"按钮 ▼,或单击鼠标右键,在弹出的快捷菜单中选择"筛选"命令,此时字段标题单元格右侧便会显示一个筛选器,即数据的列标题(字段)全部变成下拉列表框,如图 6-66 所示。

② 根据要求,单击需要设置列标题右侧的下三角按钮,在展开的筛选列表中勾选出符合要求的数据项,即可完成筛选。

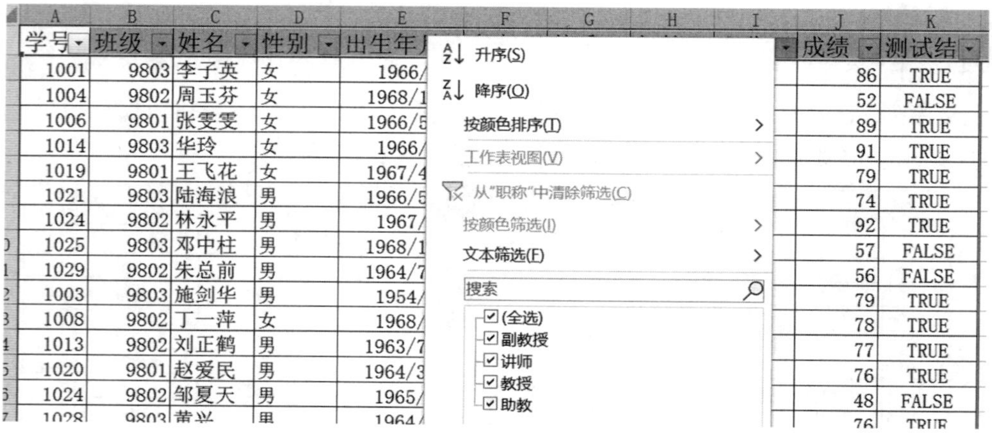

图 6-66 自动筛选

2. 自定义筛选

在 Excel 中,除了直接按指定的确切数据项进行筛选外,还可以使用"自定义筛选"功能,设置更多的条件,显示符合要求的数据记录。下面结合实例介绍自定义筛选的方法和步骤。

【例 6-13】 打开"Excel 素材"文件夹中的"计算机等级考试成绩表.xlsx"文件,筛选出成绩大于 85 以及小于 60 的数据。

操作步骤如下:

① 选中数据区域,在"数据"选项卡下的"排序和筛选"组中单击"筛选"按钮,或单击鼠标右键,在弹出的快捷菜单中选择"筛选"命令,进入筛选模式。

② 单击列标题"成绩"右侧的下三角按钮,在展开的筛选列表中选择"数字筛选"→"大于或等于"命令(图 6-67),弹出"自定义自动筛选方式"对话框,设置筛选条件。筛选结果如图 6-68 所示。

图 6-67 数字筛选

计算机等级考试成绩表										
学号	班级	姓名	性别	出生年月	身高	体重	年龄	职称	成绩	测试结
1001	9803	李子英	女	1966/5/1	1.65	50.2	33	助教	86	TRUE
1004	9802	周玉芬	女	1968/12/4	1.56	54.3	31	助教	52	FALSE
1006	9801	张雯雯	女	1966/5/18	1.66	55.7	33	助教	89	TRUE
1014	9803	华玲	女	1966/2/3	1.64	59.2	33	助教	91	TRUE
1024	9802	林永平	男	1967/4/5	1.68	67.5	32	助教	92	TRUE
1025	9803	邓中柱	男	1968/12/4	1.72	68.5	31	助教	57	FALSE
1029	9802	朱总前	男	1964/7/10	1.69	58.9	35	助教	56	FALSE
1024	9802	邹夏天	男	1965/7/8	1.64	62.4	34	讲师	48	FALSE
1002	9801	钱学勤	男	1968/7/9	1.67	52.3	31	副教授	92	TRUE
1009	9802	张庆	男	1967/4/23	1.75	68.1	41	副教授	90	TRUE
1012	9801	曾铁	男	1959/7/30	1.76	69.2	40	副教授	55	FALSE
1018	9802	关云杰	男	1958/6/24	1.65	66.5	41	副教授	90	TRUE
1026	9803	江来运	男	1959/7/30	1.73	67.2	40	副教授	91	TRUE
1015	9803	金琴心	女	1955/4/30	1.62	53.8	44	教授	28	FALSE
1022	9801	霍春明	女	1956/4/30	1.82	75.3	43	教授	95	TRUE
1027	9802	唐家驹	男	1964/7/9	1.73	64.5	35	教授	94	TRUE

图 6-68 筛选结果

3. 高级筛选

一般来说,自动筛选和自定义筛选每一次只能针对一个字段进行筛选,而不能一次同时对多个字段条件进行筛选,而高级筛选则弥补了此缺陷,可以直接对多个字段进行筛选,避免了好多的重复工作。进行高级筛选的方法为:选中数据区域,在"数据"选项卡下的"排序和筛选"组中单击"高级"按钮,弹出"高级筛选"对话框,在其中设置列表区域与条件区域。需要注意的是,进行高级筛选,必须先在工作表中建立一个条件区域(和数据区域隔一行),用来指定筛选数据所满足的条件,条件区域的第一行是所有作为筛选条件的字段名(必须与数据区域中的字段名完全一致),而下一行则是每一个字段所对应的筛选条件。可以进行多个字段条件的设置。

【例 6-14】 打开"Excel 素材"文件夹中的"计算机等级考试成绩表.xlsx"文件,使用高级筛选筛选出成绩大于 85 的教授。

① 如图 6-69 所示,建立条件区域。

② 选中数据区域,在"数据"选项卡下的"排序和筛选"组中单击"高级"按钮,在弹出的"高级筛选"对话框中设置列表区域与条件区域,可以通过 ⬆ 按钮拖动选择单元格,如图 6-70 所示。筛选结果如图 6-71 所示。

图 6-69 条件区域

图 6-70 "高级筛选"对话框

计算机等级考试成绩表

学号	班级	姓名	性别	出生年月	身高	体重	年龄	职称	成绩	测试结果
1022	9801	霍春明	女	1956/4/30	1.82	75.3	43	教授	95	TRUE
1027	9802	唐家驹	男	1964/7/9	1.73	64.5	35	教授	94	TRUE

图 6-71 筛选结果

6.4.5 分类汇总

分类汇总是指将表格中同一类别的数据放在一起进行统计,使数据变得更加清晰直观。汇总方式包括"求和""计数""平均值""最大值""最小值""乘积"几种类型。注意在进行分类汇总前,一定要先对数据进行排序操作,使得分类字段的同类数据排列在一起,否则在执行分类汇总后,Excel 只会对连续相同的数据进行汇总统计。

在创建分类汇总之前,应先对需要分类汇总的数据进行排序,然后选择排序后的任意单元格,单击"数据"选项卡下的"分级显示"组中的"分类汇总"按钮,打开"分类汇总"对话框,在其中对"分类字段""汇总方式""选定汇总项"等进行设置,设置完成后单击"确定"按钮。

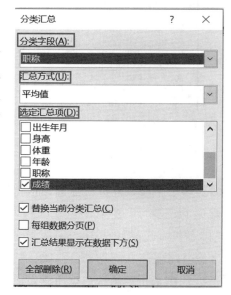

图 6-72 分类汇总参数设置

【例 6-15】 打开"Excel 素材"文件夹中的"计算机等级考试成绩表.xlsx"文件,按照职称分类汇总各种职称的平均成绩。

① 选中"职称"一列，单击"数据"选项卡下的"排序和筛选"组的"升序"排列。

② 选中数据区域，单击"数据"选项卡下的"分级显示"组中的"分类汇总"按钮，打开"分类汇总"对话框。

③ 如图 6-72 所示，设置"分类字段"为"职称"，"汇总方式"为"平均值"，选定"汇总项"为"成绩"，单击"确定"按钮，完成分类汇总，结果如图 6-73 所示。

学号	班级	姓名	性别	出生年月	身高	体重	年龄	职称	成绩
				计算机等级考试成绩表					
1002	9801	钱学勤	男	1968/7/9	1.67	52.3	31	副教授	92
1005	9803	祁建国	男	1965/7/8	1.69	58.1	34	副教授	72
1007	9803	史宾	男	1958/10/7	1.8	75.1	41	副教授	76
1009	9802	张庆	男	1967/4/23	1.75	68.1	41	副教授	90
1012	9801	曾铁	男	1959/7/30	1.76	69.2	40	副教授	55
1016	9801	苏菊妹	女	1956/4/30	1.62	57.1	43	副教授	83
1018	9802	关云木	男	1958/6/24	1.65	66.5	41	副教授	90
1023	9801	贾青云	男	1958/6/6	1.67	58.2	41	副教授	76
1026	9803	江来运	男	1959/7/30	1.73	67.3	40	副教授	91
								副教授 平均值	80.5556
1003	9801	施剑华	男	1954/8/9	1.75	60.5	45	讲师	79
1008	9802	丁一萍	女	1968/7/4	1.67	64	31	讲师	78
1013	9802	刘正鹤	男	1963/7/24	1.73	62.3	36	讲师	77
1020	9801	赵爱民	男	1964/3/21	1.7	67	35	讲师	76
1024	9801	邹夏天	男	1965/7/8	1.64	62.4	34	讲师	48
1028	9803	黄兴	男	1964/7/2	1.77	70.2	35	讲师	76
								讲师 平均值	72.3333
1010	9803	包冬青	男	1959/7/30	1.7	61.1	46	教授	75
1011	9801	徐富民	男	1958/6/15	1.75	62.3	48	教授	69
1015	9803	金琴心	女	1955/4/30	1.62	53.8	44	教授	28
1017	9802	由学贵	男	1948/7/25	1.75	62.3	51	教授	76
1022	9801	霍春明	女	1956/4/30	1.82	75.3	43	教授	95
1027	9802	唐家驹	男	1964/7/9	1.73	64.5	35	教授	94
								教授 平均值	72.8333
1001	9803	李子英	女	1966/5/1	1.65	50.2	33	助教	86
1004	9802	周玉芬	女	1968/12/4	1.56	54.3	31	助教	52
1006	9801	张雯雯	女	1966/5/18	1.66	55.7	33	助教	89
1014		华玲	女	1966/2/3	1.64	59.2	33	助教	91
1019	9801	王飞花	女	1967/4/21	1.54	56.2	32	助教	79
1021	9803	陆海浪	男	1966/5/18	1.75	62.3	33	助教	74
1024	9801	林永平	男	1967/4/5	1.68	67.5	32	助教	92
1025	9803	邓中柱	男	1968/12/4	1.72	68.5	31	助教	57
1029	9802	朱总前	男	1964/7/10	1.69	58.9	35	助教	56
								助教 平均值	75.1111
								总计平均值	75.7333

图 6-73　分类汇总结果

6.4.6　小结练习

打开打开"Excel 素材"文件夹中的"某图书销售集团销售情况表.xlsx"，按照要求完成以下操作：

（1）对工作表"图书销售情况表"内数据清单的内容按主要关键字"图书名称"的递减次序、次要关键字"季度"的递增次序进行排序。

（2）对排序后的数据进行分类汇总，分类字段为"季度"，汇总方式为"求和"，汇总项为"销售额"和"数量"，汇总结果显示在数据下方，工作表名不变，保存该工作簿。

6.5 Excel 2016 的可视化图表

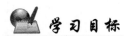

- 会根据不同的数据来源,建立合适的图表类型,编辑出符合要求的图表。
- 掌握 Excel 创建可视化图表的方法与步骤。
- 掌握 Excel 创建透视表的方法与步骤。
- 能结合相关材料,利用图表对统计数据进行分析及客观评价。

6.5.1 图表的认识

1. 图表的作用与组成

图表可将表格中的数据以图形的形式表现出来,使数据更加可视化、形象化,以便用户观察数据的宏观走势和规律。如图 6-74 所示,图表主要由图表区、图表标题、数值轴、分类轴、数据系列、网格线以及图例等组成。

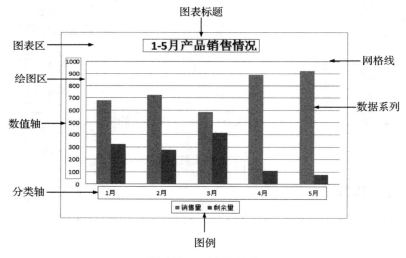

图 6-74 图表的组成

2. 图表的分类

不同类型的图表用于体现不同的数据,所以要想更好地体现数据,用户在创建图表之前,首先要了解各图表类型适合于体现哪类数据,这样才能选择合适的图表来体现数据。

Excel 2016 有 9 种标准图表类型,分别是柱形图、折线图、饼图、条形图、面积图、XY(散点图)、股价图、雷达图、曲面图。另外,Excel 2016 还提供了树状图、旭日图、直方图、箱形图、瀑布图和组合。各种图表的介绍如表 6-3 所示。

表 6-3　图表类型

图形类型	功能	分类
柱形图	Excel 默认的图表类型,以长条显示数据点的值,适用于比较或显示数据之间的差异	簇状柱形图、堆积柱形图、三维簇状柱形图、三维柱形图等
折线图	可以将同一系列的数据在图表中表示成点并用直线连接起来,适用于显示某段时间内数据的变化及未来的变化趋势	折线图、带数据标记的折线图、三维折线图等
条形图	类似于柱形图,主要强调各个数据项之间的差别情况,适用于比较或显示数据之间的差异	簇状条形图、堆积条形图、三维簇状条形图、三维堆积条形图等
饼图	可以将一个圆面划分为若干个扇形面,每个扇面代表一项数据值,适用于显示各项的大小与各项总和比例的数值	饼图、三维饼图、复合饼图、复合条饼图、圆环图等
XY(散点图)	用于比较几个数据系列中的数值,或者将两组数值显示为 XY 坐标系中的一个系列	散点图、带平滑线和数据标记的散点图、气泡图、三维气泡图等
面积图	将每一系列数据用直线连接起来,并将每条线以下的区域用不同颜色填充。面积图强调数量随时间变化的程度,还可以引起人们对总值趋势的注意	面积图、堆积面积图、百分比堆积面积图、三维堆积面积图、三维百分比堆积面积图等
雷达图	由一个中心向四周辐射出多条数值坐标轴,每个分类都拥有自己的数值坐标轴,并由折线将同一系列中的值连接起来	雷达图、带数据标记的雷达图、填充雷达图等
曲面图	类似于拓扑图形,常用于寻找两组数据之间的最佳组合	三维曲面图、三维曲面图(框架图)、曲面图、曲面图(俯视框架图)等
股价图	常用来描绘股价走势,也可以用于处理其他数据	盘高-盘低-收盘图、开盘-盘高-盘低-收盘图、成交量-盘高-盘低-收盘图等
树状图	使用树状图可以比较层级结构不同级别的值,以及可以以矩形显示层次结构级别中的比例,一般适用于按层次结构组织并具有较少类别的数据	树状图
旭日图	使用旭日图可以比较层级结构不同级别的值,以及可以以环形显示层次结构级别中的比例,一般适用于按层次结构组织并具有较多类别的数据	旭日图

续表

图形类型	功能	分类
直方图	直方图用于显示按储料箱显示划分的数据的分布形态；而排列图则用于显示每个因素占总计值的相对比例,用于显示数据中最重要的因素	直方图、排列图
箱形图	箱形图用于显示一组数据中的变体,适用于多个以某种关系互相关联的数据集	箱形图
瀑布图	瀑布图显示一系列正值和负值的累积影响,一般适用于具有流出和流入数据类型的财务数据	瀑布图
组合	以两种不同的图表类型显示数据的一种新型图表	簇状柱形图-折线图、簇状柱形图-次坐标轴上的折线图、堆积面积图-簇状柱形图、自定义组合

6.5.2 图表的创建

图表是根据 Excel 表格数据生成的,因此在插入图表之前,需要先选中图表要展示的数据。在 Excel 中,可以通过"图表"组与"插入图表"对话框两种方法,根据表格数据类型建立相应类型的图表。

1. 使用"图表"组

选择需要创建图表的单元格区域,单击"插入"选项卡下的"图表"组中的命令按钮,在下拉列表中选择相应的图表样式即可,如图 6-75 所示。

图 6-75 "图表"组

2. 使用"插入图表"对话框

选择需要创建图表的单元格区域,单击"插入"选项卡下的"图表"组中的"推荐的图表"按钮,在弹出的"插入图表"对话框中选择相应图表类型即可,如图 6-76 所示。

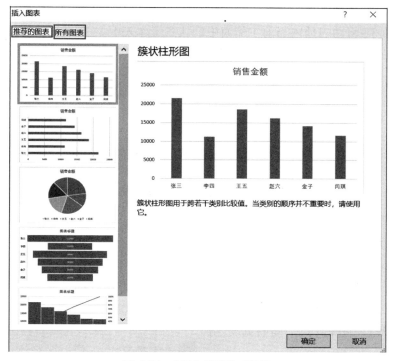

图 6-76 "插入图表"对话框

该对话框中主要包括"推荐的图表""所有图表"两个选项卡,其具体功能如下所述。

- 推荐的图表:该选项卡中为系统根据所选数据推荐的最佳图表类型,并在每种图表类型下方配上图表说明文字,以供用户选择。单击"插入"选项卡下的"图表"组中的"推荐的图表"按钮,在弹出的对话框中选择需要的图表即可。
- 所有图表:该选项卡类似于旧版本中的"插入图表"对话框,列出了 Excel 中全部图表类型以及用户最近使用的图表类型与模板图表。

6.5.3 图表编辑

创建完图表之后,为了使图表具有美观的效果,需要对图表进行编辑操作,如调整图表大小、添加图表数据、为图表添加数据标签元素等。

1. 调整图表

在编辑图表之前,需要通过单击图表区域或单击工作簿底部的图表标签以激活该图表与图表工作表。

2. 调整图表位置

默认情况下,Excel 中的图表为嵌入式图表,不仅可以在同一个工作簿中调整图表放置在工作表中的位置,而且还可以将图表放置在单独的工作表中。

选中图表并右击,在弹出的快捷菜单中选择"移动图表"命令,将弹出如图 6-77 所示的"移动图表"对话框。图表的位置有两种选项,现介绍如下:

- 新工作表:将图表单独放置于新工作表中,从而创建一张图表工作表。
- 对象位于:将图表插入当前工作簿中的任意工作表中。

图 6-77 "移动图表"对话框

3. 调整图表大小

调整图表的大小,常用以下两种方法。

方法一:右击图表,在弹出的快捷菜单中选择"设置图表区域格式"命令,窗口右侧出现"设置图表区格式"任务窗格,单击"大小与属性"按钮 ,如图 6-78 所示,可以修改图片的"高度""宽度""缩放高度""缩放宽度"等。

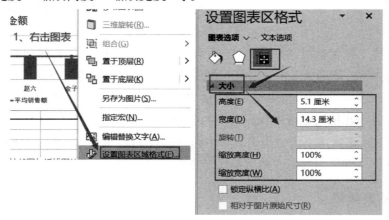

图 6-78 修改图表大小

方法二:选择图表,将鼠标置于图表区边界中的"控制点"上,当光标变成双向箭头时,拖动鼠标即可调整大小。

4. 编辑图表数据

(1)添加数据

一般情况下,先选择数据源再进行图表的插入。另外,在完成图表插入操作之后,也可以通过"选择数据源"对话框来添加图表数据。

具体的操作步骤为:右击图表,在弹出的快捷菜单中选择"选择数据"命令,弹出"选择数据源"对话框(图 6-79),单击"图表数据区域"文本框后面的按钮 ,重新选择数据区域,然后单击按钮 返回,即可实现数据的添加。

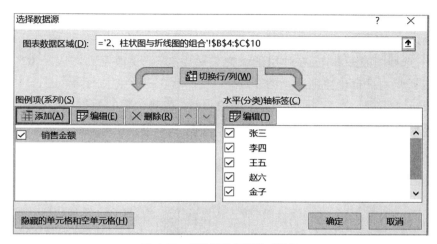

图 6-79 "选择数据源"对话框

（2）删除数据

可以通过下列三种方法来删除图表数据。

• 按键删除：选择表格中需要删除的数据区域，按【Delete】键，即可同时删除工作表与图表中的数据。另外，选择图表中需要删除的数据系列，按【Delete】键，即可删除图表中的数据。

• 利用"选择数据源"对话框删除：右击图表，执行"选择数据"命令，在弹出的"选择数据源"对话框中缩小数据区域的范围即可。

• 利用鼠标删除：选择图表，则工作表中的数据将自动被选中，将鼠标置于被选定数据的右下角，向上拖动，就可减少数据区域的范围，即删除图表中的数据。

5. 编辑图表文字

（1）更改标题文字

选择标题文字，将光标定位于标题文字中，按【Delete】键，删除原有标题文本并输入替换文本即可。另外，还可以右击标题，执行"编辑文字"命令，按【Delete】键，删除原有标题文本并输入替换文本。

（2）切换图例水平轴文字

选择图表，单击"图表工具—图表设计"选项卡下的"数据"组中的"切换行/列"命令，即可将水平轴与图例进行切换，如图 6-80 所示。

图 6-80 "切换行/列"命令

6. 更改图表类型

图表创建完成后,也可以更改图表类型。更改图表类型有如下两种方法。

方法一:选择图表并右击,在弹出的快捷菜单中选择"更改系列图表类型",在弹出的"更改图表类型"对话框中重新选择图表类型。

方法二:选择图表,单击"图表工具—图表设计"选项卡下的数据"组中的更改图表类型"命令,如图6-81所示,在弹出的"更改图表类型"对话框中重新选择图表类型即可。

图 6-81 "更改图表类型"命令

【例 6-16】 打开"Excel 素材"文件夹中的"员工销售业绩统计表.xlsx",如图6-82所示,现在销售部门领导想要了解不同员工的销售水平,请用柱状图与折线图相结合的形式表示,其中销售金额用柱状图表示,平均销售额用折线图表示。

具体操作步骤如下:

① 为表格增加一列"平均销售额",如图6-83所示。

销售人员	销售金额
张三	21590
李四	11230
王五	18642
赵六	16326
金子	14203
闫琪	11570

图 6-82 销售情况统计表

销售人员	销售金额	平均销售额
张三	21590	15593.5
李四	11230	15593.5
王五	18642	15593.5
赵六	16326	15593.5
金子	14203	15593.5
闫琪	11570	15593.5

图 6-83 增加"平均销售额"

② 增加选定需要绘制图表的三列数据,单击"插入"选项卡的"图表"组右下角 ⬲ ,弹出"插入图表"对话框,如图6-84所示,选择系统推荐的图表或者用户在所有图表中选择适合的图表,单击"确定"按钮。

③ 如果图表的类型不满足用户的要求,可以右击该图表,在弹出的快捷菜单中选择"更改系列图表类型"命令(图6-85),弹出"更改图表类型"对话框,如图6-86所示,单击要求更改的图形后面的倒三角形,选择新的图表,然后单击"确定"按钮,即完成图表类型的修改。

第 6 章 电子表格处理软件 Excel 2016

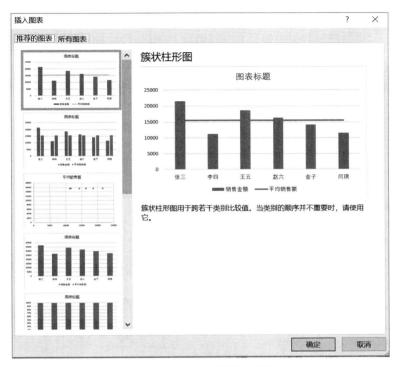

图 6-84 "插入图表"对话框

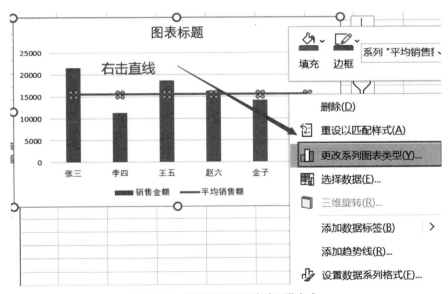

图 6-85 "更改系列图表类型"命令

205

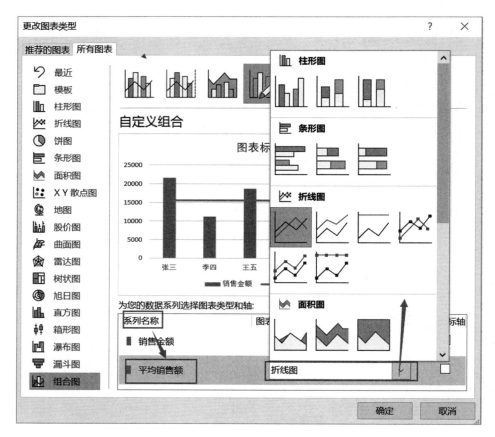

图 6-86 "更改图表类型"对话框

④ 单击"图表工具—设计"选项卡下的"位置"组中的"移动图表"命令,弹出"移动图表"对话框,根据需要选择图表位置,单击"确定"按钮即可。

⑤ 根据需要检查图表构成。一个图表主要由图表标题、坐标轴与坐标轴标题、图例、绘图区、数据系列、网格线、背景墙与基底等构成,最后图表效果如图 6-87 所示。

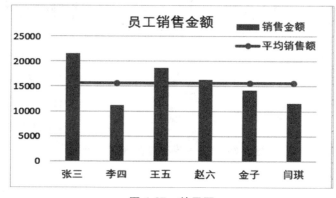

图 6-87 效果图

6.5.4 数据透视表

在 Excel 中,对数据的处理和管理,除了分类、排序、分类汇总和建立图表等基本方法外,还有一种形象实用的工具,便是建立数据透视表。通过数据透视表可以对多个字段的数据进行多立体的分析汇总,从而生动、全面地对数据进行重新组织和统计,以达到快速有效分析数据的目的。

建立数据透视表的操作步骤如下:

① 选择数据源。

② 在"插入"选项卡下的"表格"组中单击"数据透视表"按钮,弹出"创建数据透视表"对话框,如图 6-88 所示。

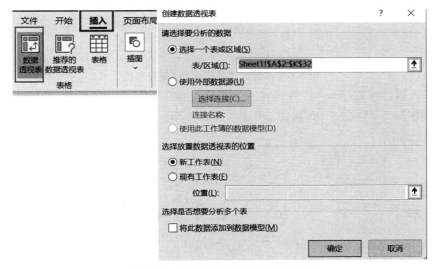

图 6-88 "创建数据透视表"对话框

③ 在"创建数据透视表"对话框中有两个选项组,其功能分别为:

• 请选择要分析的数据:选择需要进行分析的数据区域(默认情况下选中"选择一个表或区域",文本框中是之前选定的数据区域),可手动输入,或单击 按钮,通过鼠标拖动选择。

• 选择放置数据透视表的位置:确定所创建数据透视表的位置,是作为当前工作表中一个对象插入,还是以一张新的工作表插入当前工作簿中。

④ 单击"确定"按钮。这时在当前工作表窗口的右半部分创建了空白数据透视表,同时打开"数据透视表工具"选项卡及"数据透视表字段"任务窗格,如图 6-89 所示。

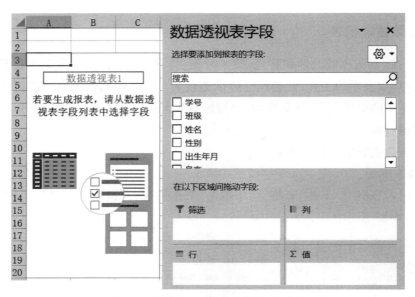

图 6-89 "数据透视表字段"任务窗格

⑤ 在"数据透视表字段"任务窗格中,依次将所需的字段拖动到右下角的"列""行""Σ 值"标记区域中,如图 6-90 所示,单击"Σ 值"字段右下角的倒三角,选择"值字段设置"。

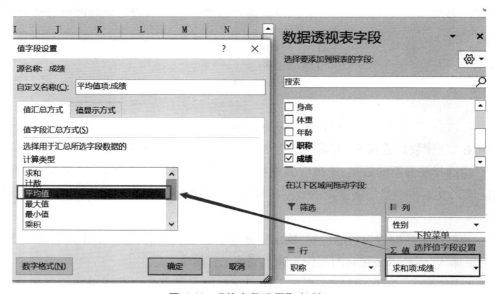

图 6-90 "值字段设置"对话框

⑥ 在弹出的"值字段设置"对话框中,可以设置值的汇总方式。

⑦ 设置完成后,单击"数据透视表字段"任务窗格右上角的"关闭"按钮,关闭"数据透视表字段"任务窗格,得到最终的数据透视表,如图 6-91 所示。

平均值项:成绩	列标签		
行标签	男	女	总计
助教	69.75	79.4	75.11111111
讲师	71.2	78	72.33333333
副教授	80.25	83	80.55555556
教授	78.5	61.5	72.83333333
总计	75.76190476	75.66666667	75.73333333

图 6-91　最终的数据透视表

6.5.5　小结练习

1. 打开"Excel 素材\练习"文件夹中的"学生竞赛成绩统计表.xlsx"文件,按要求完成以下操作:

(1) 将 Sheet1 工作表的 A1:F1 单元格合并为一个单元格,内容水平居中;按表中第 2 行中各成绩所占总成绩的比例计算"总成绩"列的内容(数值型,保留小数点后 1 位),按总成绩的降序次序计算"成绩排名"列的内容[利用 RANK( )函数,降序]。

(2) 选取"学号"列(A2:A10)和"总成绩"列(E2:E10)数据区域的内容,建立"簇状棱锥图"(系列产生在"列"),图表标题为"成绩统计图",不显示图例,设置数据系列格式图案内部背景颜色为紫色;将图插入表的 A12:E24 单元格区域内,将工作表命名为"成绩统计表",保存该文件。

2. 打开"Excel 素材\练习"文件夹中的"某公司电器产品销售情况表.xlsx"文件,按要求完成以下操作:

对工作表"产品销售情况表"内数据清单的内容建立数据透视表,按行为"季度",列为"产品名称",数据为"销售额(万元)"求和布局,并置于现工作表的 I5:M10 单元格区域,工作表名不变,保存该工作簿。

第 7 章 演示文稿软件 PowerPoint 2016

PowerPoint 2016 是 Microsoft Office 2016 办公组件之一,主要用于创建形象生动、图文并茂的幻灯片,在制作和演示公司简介、会议报告、产品说明、培训计划和教学课件等文档时非常适用。本章主要介绍 PowerPoint 2016 的使用,幻灯片的基本操作,幻灯片动画和切换方式设置,幻灯片母版的设置,以及演示文稿主题和放映方式的设置等内容。

思维导图

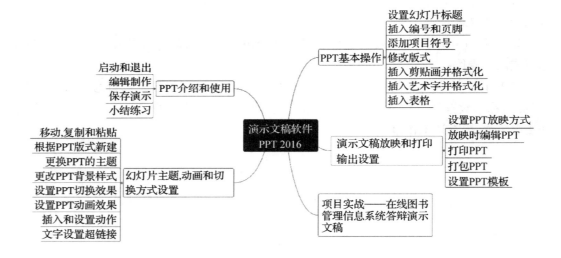

7.1 演示文稿 PowerPoint 2016 的介绍和使用

学习目标

- 了解 PowerPoint 2016 的功能,熟悉 PowerPoint 2016 的窗口界面。
- 能够较熟练地创建和保存 PPT 文档,并能根据需要为文档合理命名。
- 能够按照需求创建幻灯片。

【例 7-1】 启动 PowerPoint 2016,程序会自动创建一个名为"演示文稿 1"的空白文稿,以"信息与软件学院简介.pptx"为文件名保存。

7.1.1 PowerPoint 2016 的启动和退出

1. PowerPoint 2016 的启动

方法一:安装完 Microsoft Office 2016 后,在桌面上右击鼠标,会弹出一个快捷菜单,选择"新建"→"Microsoft PowerPoint 演示文稿"命令,如图 7-1 所示,此时桌面上即新建了一个新的演示文稿,双击该文件即可打开。

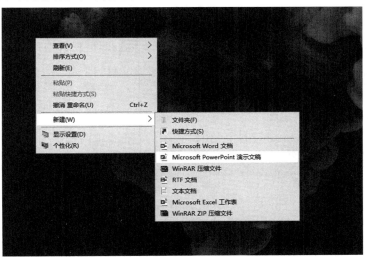

图 7-1 桌面右击新建 PowerPoint 文件

方法二:单击"开始"菜单,选择"所有程序"→"Microsoft Office"→"PowerPoint 2016"命令,如图 7-2 所示。

图 7-2 利用"开始"菜单启动 Microsoft PowerPoint 2016

方法三:双击桌面上的 PowerPoint 快捷方式图标，即可打开应用程序。

方法四:若已经存在 PowerPoint 文件,直接双击该文件,即可启动 PowerPoint 软件,同时会打开该文件,用户可进行进一步操作。

2. PowerPoint 2016 的退出

方法一:单击 PowerPoint 窗口右上角的"关闭"按钮,如图 7-3 所示。

图 7-3 关闭 PowerPoint 文件

方法二:单击 PowerPoint 窗口左上角快速访问工具栏上的 Office 按钮,在其弹出的下拉菜单中选择"关闭"命令,如图 7-4 所示。

图 7-4 退出 PowerPoint 文件

3. 认识 PowerPoint 2016 窗口

PowerPoint 2016 的工作界面主要由标题栏、快速访问工具栏、菜单栏、选项卡、"幻灯片/大纲"窗格、幻灯片编辑区、备注窗格和状态栏等部分组成，如图 7-5 所示。

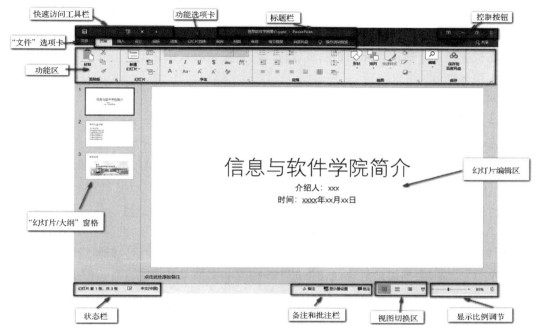

图 7-5　PowerPoint 2016 窗口展示

（1）快速访问工具栏

位于"文件"选项卡的上方，其中包括常用的工具按钮，如"保存""撤消""恢复""自定义快速访问工具栏"等命令按钮。

（2）功能选项卡和功能区

在 PowerPoint 中，传统的菜单栏被功能选项卡取代，工具栏则被功能区取代，单击其中任意一个功能选项卡，可打开相应的功能区，功能区又根据不同的功能类型分为不同的组，不同的组中存放着常用的命令按钮或列表框等。

（3）幻灯片编辑区

幻灯片编辑区主要用于显示和编辑当前幻灯片，演示文稿中的所有幻灯片都是在此窗格中编辑完成的。

（4）备注和批注栏

在幻灯片编辑区的最下面是备注和批注栏，用户可以在此根据需要对幻灯片进行注释。

（5）"幻灯片/大纲"窗格

"幻灯片/大纲"窗格主要用于显示当前演示文稿的幻灯片数量及位置，在此窗格中，幻灯片会以序号的形式进行排列，用户可以在此预览幻灯片的整体效果。

使用"幻灯片/ 大纲"窗格中的大纲模式可以很好地组织和编辑幻灯片内容，这时在幻灯片编辑区的幻灯片中输入的文本内容同时也会显示在大纲模式的任务窗格中,用户可以直接在大纲窗格中输入或者修改幻灯片的文本内容。

如果仅希望在编辑窗口中观看当前的幻灯片,可以将"幻灯片/大纲"窗格暂时关闭。需要恢复时,只需要选择"视图"选项卡,单击"演示文稿视图"组中的"普通"按钮即可。

(6)状态栏

状态栏主要用于显示当前文档的页、总页数、字数和输入状态等。

(7)视图栏

视图栏包括视图按钮组、显示比例和调节页面显示比例的控制杆等。

4. PowerPoint 2016 功能区简介

PowerPoint 2016 功能区默认有九个选项卡,分别是"文件""开始""插入""设计""切换""动画""幻灯片放映""审阅""视图"。每个选项卡根据功能的不同又分为若干个功能选项组,下面对每个选项卡及其主要功能选项组做简单介绍。

(1)"文件"选项卡

在 PowerPoint 2016 主界面的左上角,有一个红色的"文件"菜单,此菜单中包含与文件有关的常用命令,如文件的保存、打开、新建及打印等,如图7-6所示。除此之外,单击"最近所用文件"命令,会列出最近曾经使用的 PowerPoint 文件及其位置,以方便用户再一次使用这些文件。

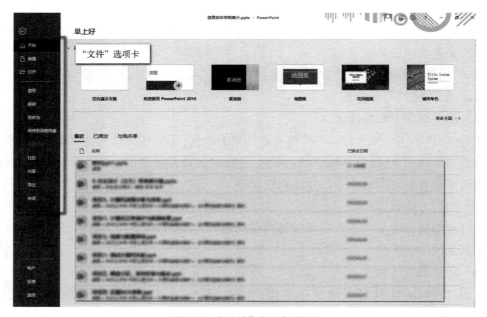

图7-6 "文件"选项卡窗口

(2)"开始"选项卡

"开始"选项卡中包括"剪贴板""幻灯片""字体""段落""绘图""编辑"六个组,如图7-7所示。"剪贴板"组主要实现幻灯片及其插入对象的复制、剪切、粘贴及格式刷功能;"幻灯片"组主要用来创建新的幻灯片和设置幻灯片版式;"字体"和"段落"组用于对幻灯片中文本进行文字、段落的编辑和格式设置;"绘图"组可以插入和排列自选图形;"编辑"组用于实现文本内容的查找和替换等操作。

图 7-7 "开始"选项卡

(3)"插入"选项卡

"插入"选项卡中包括"幻灯片""表格""图像""插图""链接""批注""文本""媒体"八个组,主要用于在演示文稿幻灯片中插入各种对象元素,如图 7-8 所示。

图 7-8 "插入"选项卡

(4)"设计"选项卡

"设计"选项卡中包括"主题""变体""自定义"三个组,提供了对演示文稿进行页面设置、主题设置和背景样式设置等功能,如图 7-9 所示。

图 7-9 "设计"选项卡

(5)"切换"选项卡

"切换"选项卡中包括"预览""切换到此幻灯片""计时"三个组,主要用于实现幻灯片之间切换效果的选择和设置等功能,如图 7-10 所示。

图 7-10 "切换"选项卡

(6)"动画"选项卡

"动画"选项卡中包括"预览""动画""高级动画""计时"四个组,主要实现为幻灯片中插入的对象添加动画效果及进行动画效果设置等操作,如图 7-11 所示。

图 7-11 "动画"选项卡

(7)"幻灯片放映"选项卡

"幻灯片放映"选项卡中包括"开始放映幻灯片""设置""监视器"三个组,主要实现幻灯片放映方式的设置,其中包括放映前设置、放映方式设置等操作,如图 7-12 所示。

图 7-12 "幻灯片放映"选项卡

(8)"审阅"选项卡

"审阅"选项卡中包括"校对""辅助功能""见解""语言""中文简繁转换""批注""比较""墨迹"八个组,主要用于对 PowerPoint 演示文稿进行校对和修订等操作,适用于多人协作处理 PowerPoint 的长文稿制作,如图 7-13 所示。

图 7-13 "审阅"选项卡

(9)"视图"选项卡

"视图"选项卡中包括"演示文稿视图""母版视图""显示""缩放""颜色/灰度""窗口""宏"七个组,在"演示文稿视图"中列出了演示文稿的几种视图模式,通过"母版视图"可以方便地应用幻灯片的母版功能,其他功能组主要用于帮助用户设置 PowerPoint 操作窗口的视图类型,以方便操作,如图 7-14 所示。

图 7-14 "视图"选项卡

(10)"帮助"选项卡

"帮助"选项卡只有一个"帮助"组,里面有帮助、反馈和显示培训内容,如图 7-15 所示。

图 7-15 "帮助"选项卡

7.1.2 编辑制作三张幻灯片

根据准备的材料完成三张幻灯片的内容并保存。

新建一个 PPT 文档,为某学院制作三张宣传幻灯片,效果如图 7-16 所示。

图 7-16　样张

1. 编辑第 1 张幻灯片

具体操作步骤如下:

① 创建空白演示文稿后,在幻灯片编辑区中默认有一张"标题幻灯片",在提示语"单击此处添加标题"与"单击此处添加副标题"区域内单击,输入文字,如图 7-17 所示。

图 7-17　在第 1 张幻灯片中输入文字

② 更改幻灯片版式,使其与最终效果一致:在"开始"选项卡下的"幻灯片"组中单击"新建幻灯片"按钮,在下拉列表中选择"标题和内容",如图 7-18 所示。

图 7-18　更改第 1 张幻灯片的版式

2. 添加和编辑第 2 张幻灯片

具体操作步骤如下：

① 选中要插入新幻灯片位置之前的幻灯片，即第 1 张幻灯片。

② 单击"开始"选项卡下的"幻灯片"组中的"新建幻灯片"按钮，从下拉列表中选择"标题和内容"，如图 7-19 所示。

图 7-19　添加第 2 张幻灯片

③ 按效果图输入文字,如图 7-20 所示。

图 7-20　在第 2 张幻灯片中输入文字

3. 添加和编辑第 3 张幻灯片

具体操作步骤如下:

① 添加第 3 张幻灯片的方法与添加第 2 张幻灯片的方法一样,幻灯片版式选择"标题和内容",借鉴添加第 2 张幻灯片的方法。

这里介绍另一种添加幻灯片的快捷方法:在"幻灯片/大纲"窗格中,选中要插入新幻灯片位置之前的幻灯片,即第 2 张幻灯片,按回车键,"幻灯片/大纲"窗格中会多出一张幻灯片,版式会复制上一张的版式,如图 7-21 所示。

图 7-21　添加第 3 张幻灯片

② 修改第 3 张幻灯片版式为"标题和内容",使其与效果图一致。

③ 在"双击以添加标题"处单击,输入文字"学院风光",单击"双击以添加文本",单击"插入"选项卡下的"图像"组中的"图片"按钮(图7-22),插入"PowerPoint 素材\任务"文件夹下的图片。

图 7-22　为第 3 张幻灯片输入文字和添加图片

在第 3 张幻灯片中成功添加图片后的效果如图 7-23 所示。

图 7-23　第 3 张幻灯片完成添加图片

知识拓展

1. 演示文稿

演示文稿是使用 PowerPoint 制作的一个完整的演示文件,包含一张或多张幻灯片。幻灯片是演示文稿的组成部分,每张幻灯片可由文本、图形、图像、音频、视频等多媒体元素构成。

2. 幻灯片版式

幻灯片版式是指幻灯片内容在幻灯片上的排列方式,版式由占位符组成,而与位符可放置文字、表格、图片等元素,选择合适的版式可以使制作的演示文稿版面整洁、美观。

3. 视图方式

PowerPoint 中提供了五种视图方式:普通视图、大纲视图、幻灯片浏览视图、备注页视图和阅读视图,通过"视图"选项卡下的"演示文稿视图"组可以在不同的视图方式间进行切换。

(1)普通视图

普通视图是 PowerPoint 的默认视图,由"幻灯片列表"和"某张幻灯片"两种视图方式组成,主要用于单独编辑某一张幻灯片。

(2)大纲视图

大纲视图由"幻灯片"和"大纲"两种视图方式组成,主要用于单独编辑某一张幻灯片大纲。

(3)幻灯片浏览

幻灯片浏览是以缩略图形式显示演示文稿的所有幻灯片,主要用于观察演示文稿的整体显示效果,在这种视图方式下,可以方便地对幻灯片进行重新排序、添加、复制、移动、删除、设置切换效果等操作。

(4)备注页

备注页主要用于向某张幻灯片中添加备注文本。

(5)阅读视图

阅读视图用于通过自己的计算机放映演示文稿。如果希望在一个设有简单控件以方便审阅的窗口中查看演示文稿,而不想使用全屏的幻灯片放映视图,则可以在自己的计算机上使用阅读视图。如果要更改演示文稿,可随时从阅读视图切换至其他视图。

7.1.3 保存演示文稿文件

单击"文件"选项卡,选择"另存为"命令,打开"另存为"对话框,在对话框中选择保存的目标位置,输入文件名"信息软件学院简介",然后单击"保存"按钮,系统就会在指定的文件夹中生成一个保存类型为"pptx"的演示文稿文件,如图 7-24 所示。

图 7-24 "另存为"对话框

 知识拓展

PowerPoint 2016 保存文件的具体操作方法与保存 Word 文档类似。

在保存演示文稿时,PowerPoint 2016 提供了多种文件格式,最常用的是"pptx""ppt""potx""ppsx"几种。其中,"pptx"是一般的 PowerPoint 2016 演示文稿类型,也是 PowerPoint 2016 默认的保存文件类型;"ppt"是 PowerPoint 97-2003 的文件保存类型;"potx"是 PowerPoint 2010 中模板的文件格式,用户可以创建自己个性化的 PowerPoint 2010 模板;"ppsx"文件格式一般用于需要自动放映的情况下,在"资源管理器"窗口中双击文件名即可播放演示文稿文件。

对于需要经常播放的演示文稿,可以将其保存为"ppsx"类型的文件,存放在桌面上,以便放映时直接打开演示文稿进行放映,而不用事先启动 PowerPoint 2016。

7.1.4 小结练习

打开"PowerPoint 素材\任务巩固"文件夹下的"练习 1.pptx",按下列要求完成对此文稿的修饰并保存。

(1)将第 2 张幻灯片版式改变为"竖排标题与文本"。
(2)在演示文稿的最后插入一张"仅标题"幻灯片,键入"校园生活角"。

7.2 幻灯片的基本操作

 学习目标

- 能够熟练地对幻灯片的内容进行修饰。
- 能够熟练地在幻灯片中添加页眉、页脚、编号、备注等内容。
- 能够熟练地插入图片、剪贴画、自选图形、艺术字等多种对象,并能对对象进行格式化操作。

【例7-2】 打开前面完成的"信息与软件学院简介.pptx"文件,对幻灯片里面的内容进行操作,进行文本修饰、对象的插入和格式化,要求如下:

(1)把第1张幻灯片标题设置为楷体、42号字、加粗,标题之外的字体设置为隶书、22号字。

(2)添加页脚"信息与软件学院",并给除首页外的幻灯片加上编号。

(3)给第2张幻灯片中的内容添加项目符号"·",并将第2张幻灯片版式改为"内容与标题"。

(4)在第2张幻灯片的右下角插入图片"college.jpg",图片高度为5厘米、宽度为8厘米,图片样式设置为"居中矩形阴影"。

(5)把第3张幻灯片版式设置为"空白",将"学院风光"设置为艺术字,艺术字的样式为第三行第四个,艺术字放置位置为"水平位置8.5厘米,垂直位置0.5厘米",并去除艺术字的填充色,删除多余图片,然后在艺术字的下方插入四张图片,调整其大小和位置,如图7-25所示。

图 7-25 第 3 张幻灯片的样张

（6）在第 3 张幻灯片下方插入一张新的幻灯片，版式为"仅标题"，标题为"专业特色课程介绍"，插入一张表格，输入表 7-1 所示内容并按样张所示编辑表格。

表 7-1 专业介绍表

专业	特色课程	优秀讲师
软件技术	程序语言设计基础	李老师
	JavaWeb 程序设计	周老师
移动互联应用技术	Android 应用开发	蒋老师
	HTML5 混合 App 开发	赵老师

7.2.1 设置幻灯片标题的格式

选中需要设置格式的文本，单击"开始"选项卡，利用"字体"组中的工具按钮进行设置，如果要设置字体的其他格式，则可以单击"字体"功能区右下角的对话框启动器按钮，打开"字体"对话框进行设置，如图 7-26 所示。

演示文稿软件 PowerPoint 2016   第 7 章

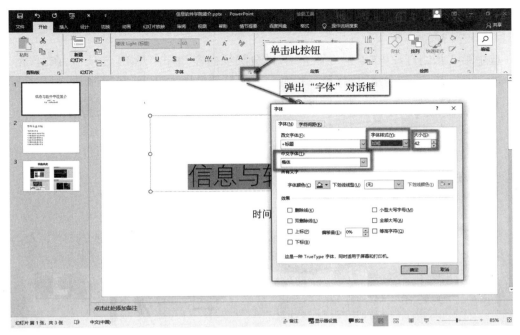

图 7-26　第 1 张幻灯片标题字体设置

标题之外的字体设置同标题的字体设置。

7.2.2　插入编号和页脚

单击"插入"选项卡,在"文本"组中单击"页眉和页脚"按钮,弹出"页眉和页脚"对话框,具体设置如图 7-27 所示。

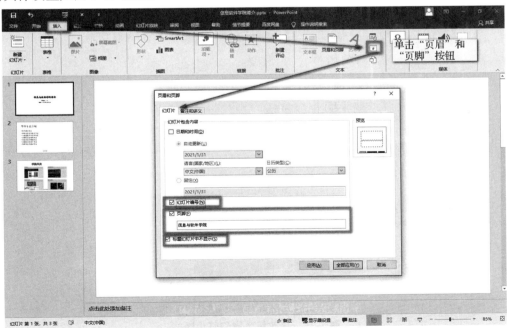

图 7-27　给第 2 张幻灯片添加页脚和编号

7.2.3 添加项目符号和修改版式

选中第 2 张幻灯片中"学科专业介绍"的分类项内容,单击"开始"选项卡,在"段落"组中单击"项目符号"命令组,选择第三行第二列项目符号样式,如图 7-28 所示。

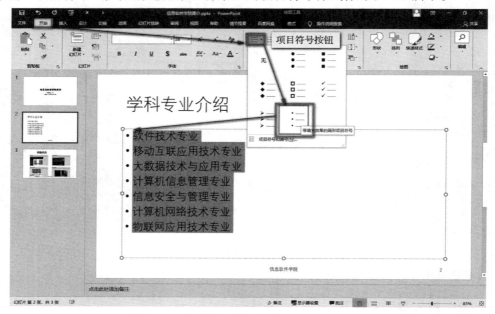

图 7-28 修改第 2 张幻灯片文字的项目符号

选中第 2 张幻灯片,单击鼠标右键,在弹出的快捷菜单中执行"版式"→"内容与标题"命令,如图 7-29 所示。

图 7-29 修改第 2 张幻灯片版式

7.2.4 插入剪贴画并格式化

具体操作步骤如下：

① 选中第 2 张幻灯片，单击"插入"选项卡，在"图像"组中单击"图片"按钮，在下拉列表中选择"此设备"，打开如图 7-30 所示的"插入图片"对话框，选中"PowerPoint 素材\任务"文件夹中的 college.jpg 图片，插入到第 2 张幻灯片中。

图 7-30　插入 college.jpg 图片

② 选中已经插入的 college.jpg 图片，单击"图片工具—格式"选项卡，在"大小"组中单击右下角的对话框启动器按钮，打开"设置图片格式"任务窗格，在其中按要求进行设置，如图 7-31 所示。

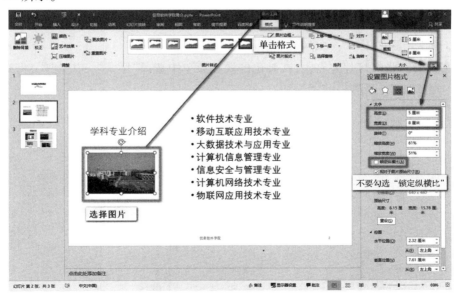

图 7-31　"设置图片格式"任务窗格

③ 选中已经插入的 college.jpg 图片,单击"图片工具—格式"选项卡,单击"图片样式"下箭头按钮,选择"居中矩形阴影",如图 7-32 所示。

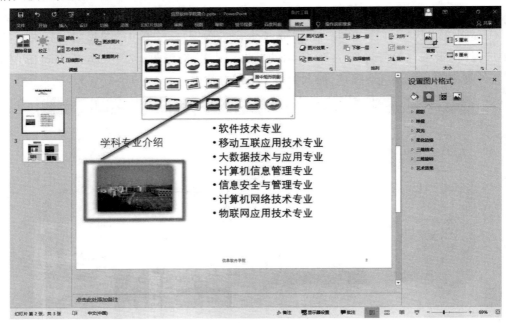

图 7-32　设置图片样式

知识拓展

在"大小"属性中,"锁定纵横比"复选框默认选中,是指图片高度和宽度会按原比例同时缩放,若不希望同时缩放,可取消选中。

7.2.5　插入艺术字并格式化

具体操作步骤如下:

① 选中第 3 张幻灯片并右击,在弹出的快捷菜单中选择"版式"→"空白",将幻灯片版式改为"空白"样式,如图 7-33 所示。

图 7-33　将第 3 张幻灯片的版式设置为"空白"

② 单击"插入"选项卡下的"文本"组中的"艺术字"按钮，在"艺术字"列表中选中艺术字样式库中第三行第四个的样式，输入文字"学院风光"，如图 7-34 所示。

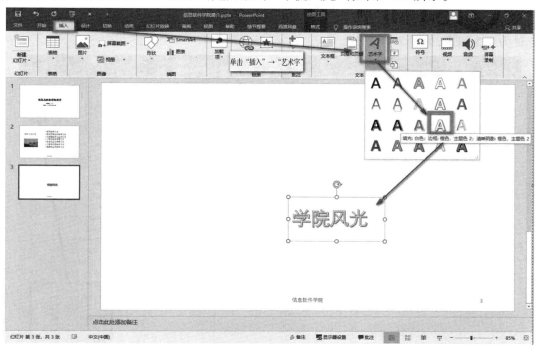

图 7-34　插入艺术字

③ 选中艺术字，单击"绘图工具—格式"选项卡，在"形状样式"组中单击"形状填充"的下三角箭头，选中"无填充"，如图 7-35 所示。

图 7-35　填充艺术字

④ 选中艺术字，单击"绘图工具—格式"选项卡，在"大小"组中单击对话框启动器按钮，打开"设置形状格式"任务窗格，选择"位置"属性标签，设置水平位置为 8.5 厘米，垂直位置为 0.5 厘米，如图 7-36 所示。

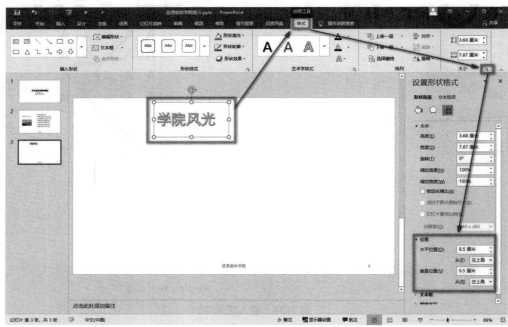

图 7-36　设置艺术字位置

⑤ 按照前面介绍的方法在艺术字的下方插入四张图片,调整其大小和位置。

7.2.6 插入表格

具体操作步骤如下:

① 选中第 3 张幻灯片,在"开始"选项卡下的"幻灯片"组中单击"新建幻灯片"按钮,选择"仅标题"幻灯片。

② 在标题栏中输入"专业特色课程介绍"。

③ 选择"插入"选项,单击"表格"组中的"表格"按钮,插入一张 5 行 3 列的表格,输入如样表所示的内容。

④ 按照样表编辑表格,如图 7-37 所示。

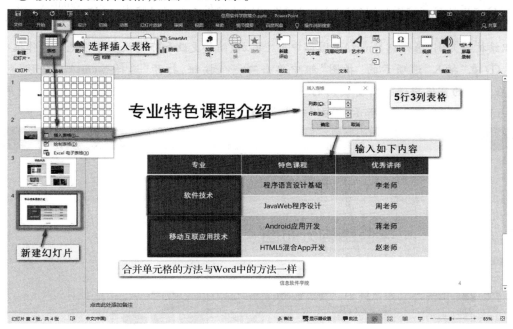

图 7-37　在幻灯片中添加表格

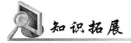

1. 设置幻灯片版式

幻灯片版式是指幻灯片内容在幻灯片上的排列方式。版式由占位符组成,而占位符可放置文字、表格、图表、图片、图形等元素。单击"开始"选项卡下的"幻灯片"组中的"版式"(图 7-38),在下拉列表中选择合适的版式,可以使制作的演示文稿版面整洁、美观。

图 7-38　幻灯片版式

2．插入 SmartArt 图形

SmartArt 是 Microsoft Office 2016 中具有的一个图形特性，用户可在 PowerPoint、Excel、Word 中使用该特性创建各种图形图表。SmartArt 图形是信息和观点的视觉表示形式，可以通过从多种不同布局中选择来创建 SmartArt 图形，从而快速、轻松、有效地传达信息。它能够直观地表现各种层级关系、附属关系、并列关系或循环关系等常用的关系结构。SmartArt 图形在样式设置、形状修改及文字美化等方面与图形和艺术字的设置方法完全相同。这里以常见的组织结构图为例，来介绍 SmartArt 图形中文字添加、结构更改和布局设置等常见的操作技巧。

① 在"插入"选项卡的"插图"组中单击 SmartArt 按钮，打开"选择 SmartArt 图形"对话框，在左侧的窗格中选择需要使用的 SmartArt 图形类型，然后在中间窗格选择需要使用的 SmartArt 图形，如图 7-39 所示，单击"确定"按钮。

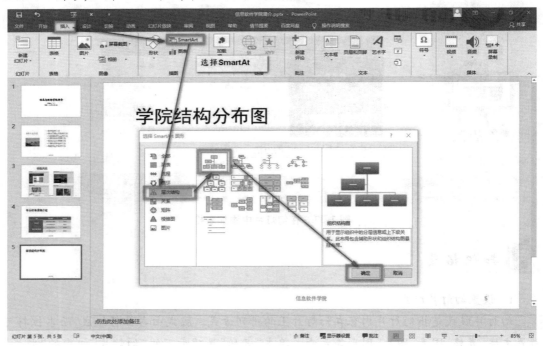

图 7-39　"选择 SmartArt 图形"对话框

单击"确定"按钮，关闭"选择 SmartArt 图形"对话框后，选择的 SmartArt 图形即插入了幻灯片中。

② 在 SmartArt 图形的文本窗格中输入文字，此时对应图形中也被添加了文字，如图 7-40 所示。在 SmartArt 图形中的单个图形上单击即可进入文字输入状态，此时可以直接

在图形上输入文字。在文本窗格中完成一行的输入后按【Enter】键,插入点光标将移至下一行。同时,如果将插入点光标移至行开头按【Enter】键,将在 SmartArt 图形中添加一个新行。

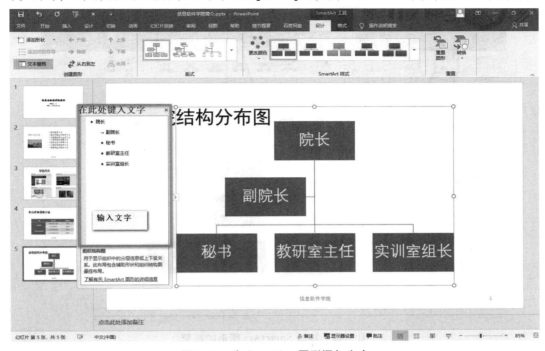

图 7-40　为 SmartArt 图形添加文字

③ 选择 SmartArt 图形,在"SmartArt 工具—设计"选项卡下的"版式"组中单击右下角的"其他"按钮,在弹出的下拉列表中选择相应的选项,将图形布局设置为选择的样式,如图 7-41 所示。

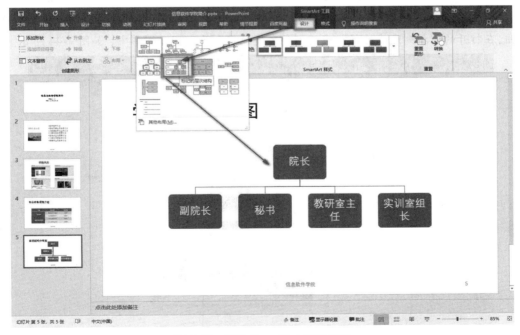

图 7-41　修改 SmartArt 图形布局

④ 选择SmartArt图形中的某个图形,在"SmartArt 工具—设计"选项卡下的"创建图形"组中单击"升级"或"降级"按钮,可以提升或降低该图形的级别,这里单击"降级"按钮,使选择的"各系部教研室"图形成为"各二级学院"图形的下级,如图7-42所示。

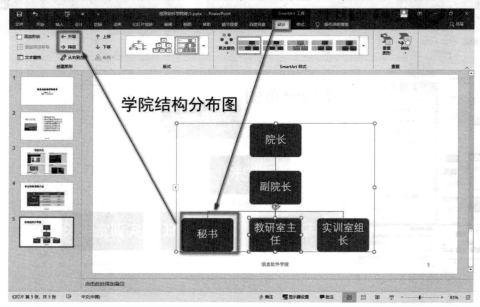

图7-42　降级SmartArt图形的级别

在文本窗格中选择文本后按【Tab】键将降低其级别,按【Shift】+【Tab】组合键,将提升其级别。

⑤ 在"SmartArt 工具—设计"选项卡下的"SmartArt 样式"组中单击样式列表,选择相应样式选项应用到SmartArt图形中,如图7-43所示;然后单击"SmartArt 样式"组中的"更改颜色"按钮,在打开的下拉列表中选择相应的颜色方案应用到SmartArt图形中,如图7-44所示。

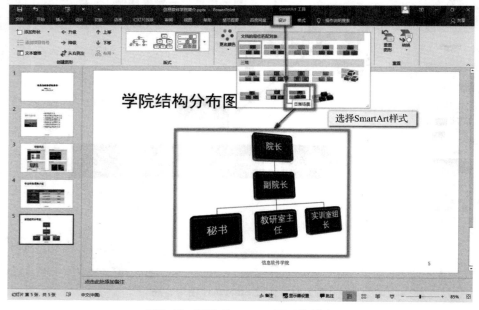

图7-43　更改SmartArt图形的样式

演示文稿软件 PowerPoint 2016　第7章

图 7-44　更改 SmartArt 图形的颜色方案

3. 插入音频和视频

切换到需要插入多媒体剪辑的幻灯片，在"插入"选项卡下的"媒体"组中分别单击"音频"和"视频"按钮，在下拉列表中单击"PC 上的音频"和"PC 上的视频"，选择要插入的声音文件和视频文件，并单击"插入"按钮。这时，幻灯片上就会出现视频播放的区域，下面一排是视频播放的按钮和进度条，如图 7-45 所示。

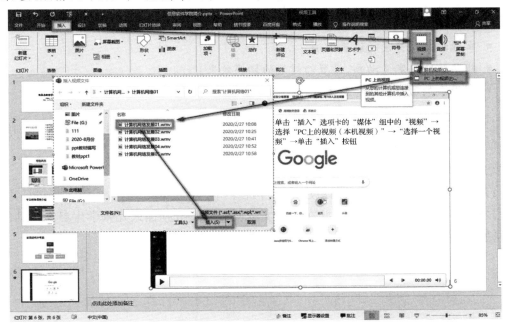

图 7-45　插入音频和视频

7.2.7 小结练习

打开"PowerPoint 素材\任务巩固"文件夹下的"练习 2.pptx",按下列要求完成对此演示文稿的修饰并保存。

(1) 在第 2 张幻灯片的主标题处输入"冰清玉洁水立方",设置其字体为楷体,字号为 63 磅,加粗,颜色为红色(请用自定义标签的红色 245,绿色 0,蓝色 0);副标题处输入"奥运会游泳馆",设置其字体为宋体,字号为 36 磅。

(2) 将第 3 张幻灯片的版式设置为"两栏内容",图片放在右侧内容区域。

(3) 在第 1 张幻灯片中插入样式为"渐变填充,灰色"的艺术字"水立方"(位置:水平 10 厘米,度量依据"左上角";垂直 1.5 厘米,度量依据"左上角"),并将右侧的文本移到第 3 张幻灯片的左侧内容区域。

(4) 将第 2 张幻灯片的图片移到第 1 张幻灯片的右侧区域。

(5) 在每张幻灯片的右下角插入页码。

7.3 幻灯片主题、动画和切换方式的设置

 学习目标

- 掌握幻灯片移动、复制、插入、删除等操作技术。
- 会对幻灯片的应用模板进行更改并会使用配色方案。
- 掌握幻灯片背景的设置方法。
- 能熟练地自定义动画,设置幻灯片的切换效果。
- 掌握添加动作按钮和创建超链接的方法。

【例 7-3】 继续打开前面完成的"信息与软件学院简介.pptx"文件,对幻灯片里面的内容进行移动或复制、设置背景色、定义动画、切换幻灯片等操作,要求如下:

(1) 交换第 2 张和第 3 张幻灯片的位置。

(2) 在第 4 张幻灯片的后面新建一个"两栏内容"版式的幻灯片,即第 5 张幻灯片,在标题位置输入"学生社团活动",并在左右文本框的位置分别插入几张学生参加活动的照片。效果如图 7-46 所示。

图 7-46　第 5 张幻灯片效果图

（3）把所有幻灯片设置为"丝状"主题，背景样式设置为"样式 6"，并把所有幻灯片的背景填充效果改为"再生纸"。

（4）设置所有幻灯片的切换效果为垂直百叶窗，持续时间为 1 秒。

（5）设置第 1 张幻灯片标题"信息软件学院简介"的动画效果为自右侧飞入，声音为"打字机"，持续时间为 1 秒。

（6）在第 1 张幻灯片的右下角插入一个动作按钮"下一项"，单击鼠标链接到第 3 张幻灯片"学科专业介绍"，并播放"鼓掌"声音。

（7）在幻灯片的最后增加 6 张新的"标题和内容"版式的幻灯片，分别对"软件技术专业""移动互联应用技术专业""大数据技术与应用专业""计算机信息管理专业""信息安全与管理专业""计算机网络技术专业"进行简单的介绍，并把第 3 张幻灯片中系部设置的内容分别链接到对应的幻灯片。

7.3.1　移动、复制和粘贴幻灯片

具体操作步骤如下：

① 选中第 2 张幻灯片的缩略图，单击"开始"选项卡下的"剪贴板"组中的"剪切"按钮，如图 7-47 所示。

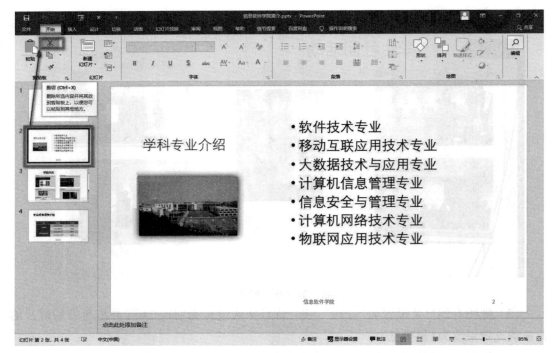

图 7-47 执行"剪切"命令

② 选中第 3 张幻灯片的缩略图(之前第 2 张幻灯片已经被剪切,所以之前的第 3 张幻灯片变成了第 2 张幻灯片),单击"开始"选项卡下的"剪贴板"组中的"粘贴"按钮,如图 7-48 所示。

图 7-48 执行"粘贴"命令

我们可以通过使用鼠标拖曳功能交换两张幻灯片：选中第 2 张幻灯片，按住鼠标左键不放，拖动到第 3 张幻灯片后面，即可松开鼠标，也可以完成交换两张幻灯片的操作。

7.3.2　根据幻灯片版式新建幻灯片

具体操作步骤如下：

① 选中最后一张幻灯片，单击"开始"选项卡下的"幻灯片"组中的"新建幻灯片"旁的向下箭头，在弹出的"Office 主题"窗格中选择"两栏内容"，如图 7-49 所示。

图 7-49　幻灯片"两栏内容"版式

② 在标题位置输入"学生社团活动"并调整好格式。

③ 在下面文本框的位置分别插入几张社团活动的照片，并调整好图片的位置和大小，效果如图 7-50 所示。

图 7-50　幻灯片"学生社团活动"页

7.3.3　切换幻灯片的主题和背景样式

具体操作步骤如下：

① 单击"设计"选项卡下的"主题"组中的"丝状"主题，如图 7-51 所示。

图 7-51　设置幻灯片的主题

② 单击"设计"选项卡下的"变体"组右下角的"其他"按钮,在下拉列表中选择"背景样式"→"样式6",如图7-52所示。

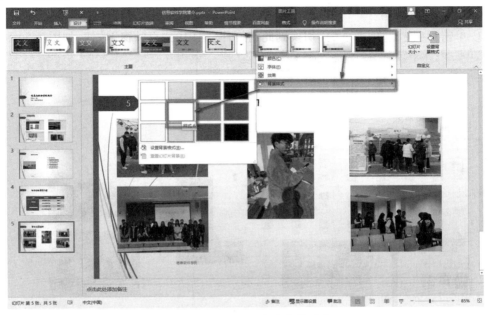

图7-52 设置幻灯片的背景样式

③ 单击"设计"选项卡下的"自定义"组中的"设置背景格式"按钮,弹出"设置背景格式"任务窗格,选中"图片或纹理填充"单选按钮,单击"纹理"右边的下拉箭头,选择第三行第四列的"再生纸"效果,然后单击"应用到全部"按钮,如图7-53所示。

图7-53 "设置背景格式"任务窗格

7.3.4 设置幻灯片的切换效果

具体操作步骤如下:

① 单击"切换"选项卡下的"切换到此幻灯片"组中的"百叶窗"按钮,如图 7-54 所示。

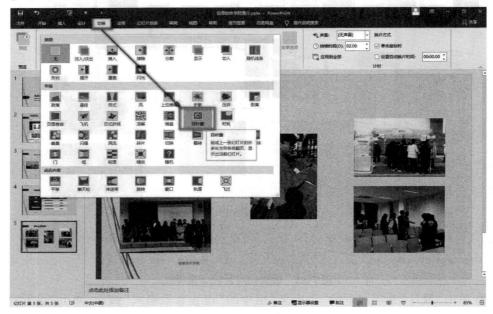

图 7-54 设置幻灯片的切换方式

② 单击"切换"选项卡下的"切换到此幻灯片"组中的"效果选项"下拉箭头,在下拉列表中选择"垂直"命令。

③ 设置"持续时间"为 1 秒,单击"应用到全部"按钮,如图 7-55 所示。

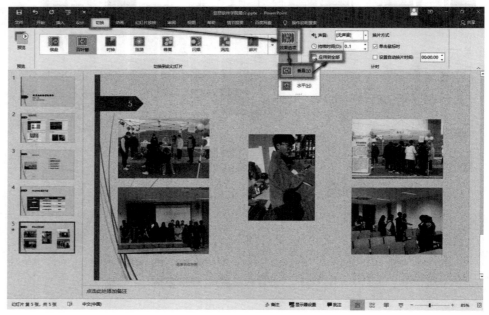

图 7-55 设置幻灯片切换效果和切换时间

7.3.5 设置幻灯片的动画效果

具体操作步骤如下:

① 选中第 1 张幻灯片的标题内容,选择"动画"选项卡下的"动画"组中的"飞入",如图 7-56 所示。

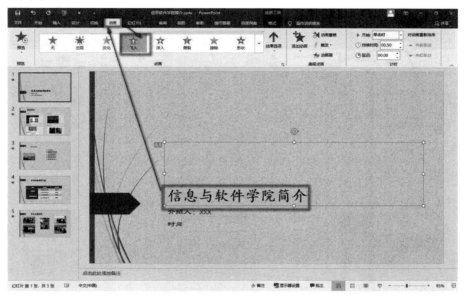

图 7-56 设置幻灯片文字动画

② 单击"动画"选项卡下的"动画"组中的对话框启动器按钮,打开"飞入"对话框,单击"效果"选项卡,把方向设置为"自右侧",声音设置为"打字机",并单击"确定"按钮。

③ 在"动画"选项卡下的"计时"组中将"持续时间"设置为 1 秒,如图 7-57 所示。

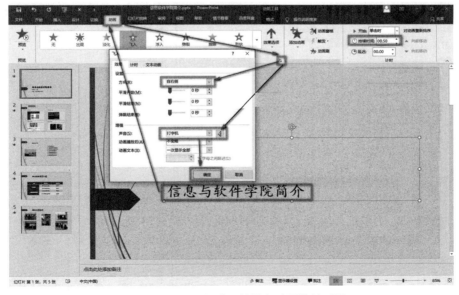

图 7-57 设置飞入动画效果和动画持续时间

7.3.6 插入和设置动作按钮

具体操作步骤如下：

① 选中第 1 张幻灯片，单击"插入"选项卡下的"插图"组中的"形状"按钮，在其下拉列表中选择"动作按钮"组中的"下一项"，拖动鼠标在第 1 张幻灯片的右下角画出一个动作按钮，如图 7-58 所示。

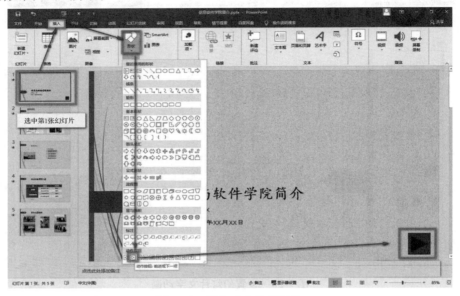

图 7-58　添加动作按钮操作

② 松开鼠标，在弹出的"操作设置"对话框中按图 7-59 所示进行设置，并单击"确定"按钮。

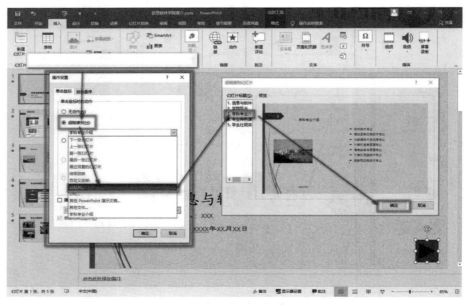

图 7-59　"动画设置"对话框

7.3.7 插入 6 张新的幻灯片并完成链接操作

具体操作步骤如下：

① 参照前面介绍的方法完成几张新的"标题和内容"版式的幻灯片设置，效果如图 7-60 所示。

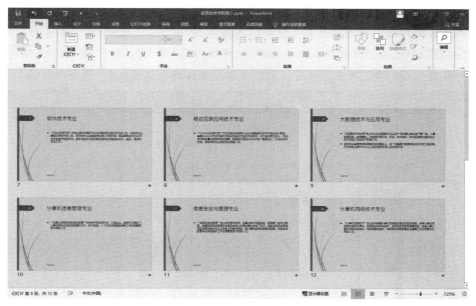

图 7-60　新添加 6 张幻灯片的效果图

② 选中第 3 张幻灯片中的"软件技术专业"文本，单击"插入"选项卡下的"链接"组中的"超链接"按钮，出现"插入超链接"对话框，在对话框中按图 7-61 所示设置。单击"确定"按钮，即可完成"软件技术专业"文本的链接设置。

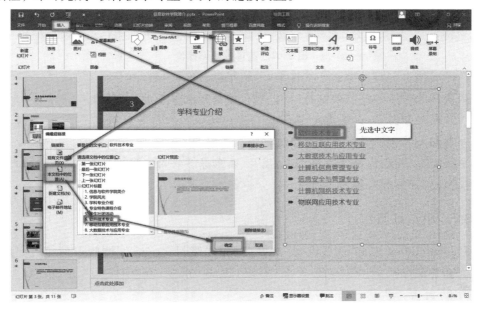

图 7-61　完成"软件技术专业"文本的链接设置

③ 根据上面的超链接方法分别实现对"移动互联应用技术专业""大数据技术与应用专业""计算机信息管理专业""信息安全与管理专业""计算机网络技术专业"的超链接设置。

知识拓展

如果需要把对象以增强型图元文件等形式插入,必须单击"开始"选项卡下的"剪贴板"组中的"粘贴"按钮,在打开的列表框中选择"选择性粘贴"命令,在打开的"选择性粘贴"对话框中进行设置,如图 7-62 所示。也可按照此方法设置成其他格式进行"选择性粘贴"。

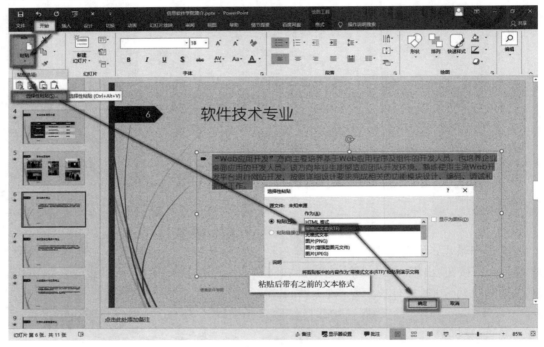

图 7-62　选择性粘贴操作

如果要对所有幻灯片进行背景设置,必须单击"全部应用"按钮。

如果要设置所有幻灯片的切换效果,则在设置完成后单击"全部应用"按钮。

幻灯片超链接与 Web 超链接作用类似,可以实现在幻灯片与幻灯片、幻灯片与其他文件或程序及幻灯片与网页之间进行快速切换。主要应用在有明显目录特征、内容分散的演示文稿中,还可以用相同的方法给文本、图片、图形等多种对象添加超链接。放映时单击该对象,可直接跳转到相应链接的位置。

7.3.8　小结练习

打开"PowerPoint 素材\任务巩固"文件夹下的"练习 3.pptx",按照下列要求完成对此文稿的修饰并保存。

(1) 对第 1 张幻灯片,在主标题文字处输入"美国布莱斯峡谷高原上石柱阵",设置其字体为黑体,字号为 63 磅,加粗,颜色为蓝色(请用自定义标签的红色 0,绿色 0,蓝色 250)。在副标题处输入"大自然的奇迹",设置其字体为仿宋,字号为 35 磅。

(2) 将第 2 张幻灯片版式改为"两栏内容",并在幻灯片右上角插入图片"3.jpg"。设置图片宽度为 4 厘米、高度为 3 厘米。

(3) 设置第 2 张幻灯片的文本动画为"进入"→"左右向中央收缩、劈裂"。

(4) 在第 2 张幻灯片的右下角插入"动作按钮:第 1 张"。

(5) 设置第 1 张幻灯片背景为"水滴"纹理。

(6) 为所有幻灯片设置切换效果"随即线条,效果为垂直",每隔 3 秒自动换片。

7.4 演示文稿的放映和打印输出的设置

学习目标

- 能熟练地设置演示文稿的放映方式。
- 能够在放映时编辑幻灯片。
- 会对演示文稿的内容进行打印。
- 会打包演示文稿。
- 能够熟练地设置母版幻灯片。

【例 7-4】 继续打开前面完成的"信息与软件学院简介.pptx"文件,对幻灯片里面的内容进行设置放映方式、添加标记、打印和打包等操作,要求如下:

(1) 设置演示文稿的放映方式为"演讲者放映(全屏幕)",换片方式为"手动"。

(2) 在放映幻灯片时直接定位到第 6 张幻灯片,并对标题"软件技术专业"文本加上标记。

(3) 打印第 4 张幻灯片。

(4) 打包演示文稿,并把打包文件复制到 D 盘根目录下。

(5) 设置母版幻灯片,给每张幻灯片添加学校 Logo 。

7.4.1 设置幻灯片放映方式

具体操作步骤如下:

① 单击"幻灯片放映"选项卡下的"设置"组中的"设置幻灯片放映"按钮。

② 在弹出的"设置放映方式"对话框中按图 7-63 所示进行设置,单击"确定"按钮。

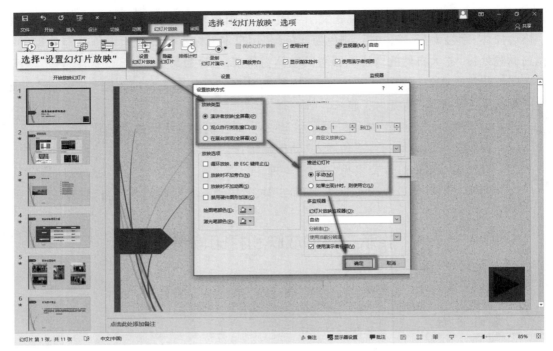

图 7-63　设置幻灯片放映方式

7.4.2　在放映幻灯片时编辑幻灯片

具体操作步骤如下：

① 单击"幻灯片放映"选项卡下的"开始放映幻灯片"组中的"从头开始"按钮，进入幻灯片放映状态，如图 7-64 所示。

图 7-64　设置幻灯片"从头开始"放映状态

② 在幻灯片放映状态下右击鼠标，在出现的快捷菜单中选择"查看所有幻灯片"命令，如图 7-65 所示。

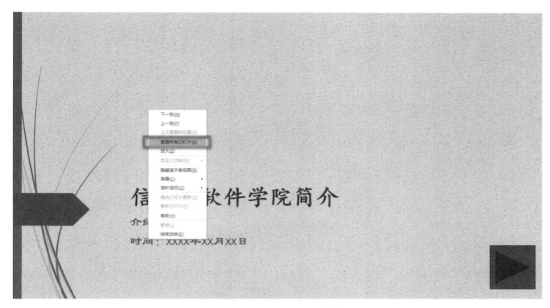

图 7-65 "查看所有幻灯片"选项

③ 单击第 6 张幻灯片"软件技术专业",即可进入第 6 张幻灯片的放映,如图 7-66 所示。

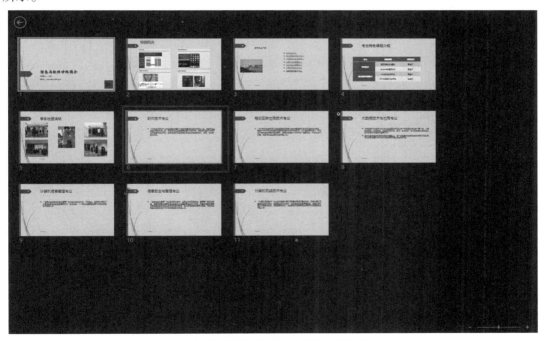

图 7-66 选择第 6 张幻灯片进行播放

④ 继续右击鼠标,在出现的快捷菜单中选择"指针选项"→"笔"命令,然后在标题上画上标记即可,如图 7-67 所示。

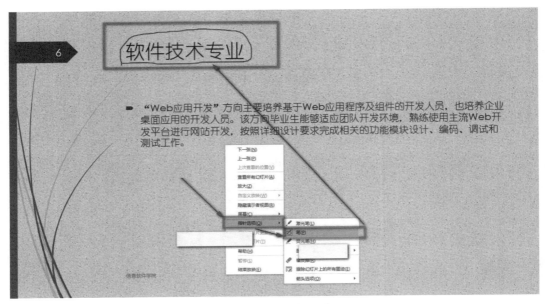

图 7-67 使用"笔"进行标记

7.4.3 打印演示文稿

具体操作步骤如下：

① 选中第 4 张幻灯片。

② 选择"文件"选项卡中的"打印"命令，按图 7-68 所示进行设置。

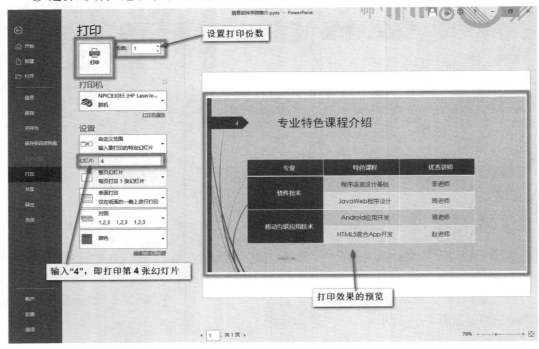

图 7-68 打印演示文稿中的第 4 张幻灯片

7.4.4 打包演示文稿

选择"文件"→"导出"→"将演示文稿打包成 CD"→"打包成 CD"命令,打开"打包成 CD"对话框,如图 7-69 所示,在"将 CD 命名为"文本框中输入打包后的文件名称。如果在打包文件中需要包含多个演示文稿,可以单击"添加"按钮,打开"添加文件"对话框,依次添加所需要的文件。

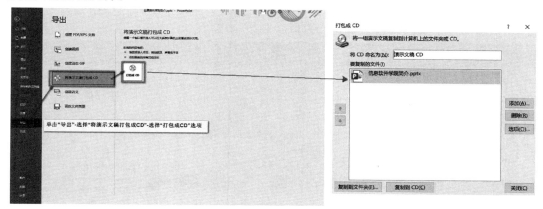

图 7-69 演示文稿的打包

知识拓展

演示文稿的三种放映方式。

1. 演讲者放映(全屏幕)

演示文稿的默认放映方式,在这种方式下演讲者可以手动控制幻灯片的放映进度,也可以通过添加排练计时的方法让幻灯片自动放映。

2. 观众自行浏览(窗口)

演示文稿出现在小型窗口内,观众利用菜单进行翻页、打印和浏览等操作。放映过程中不能使用单击进行放映,只能通过拖动滚动条的方式完成幻灯片的切换。

3. 在展台浏览(全屏幕)

适用于展台或会场中无人工干预的演示文稿放映,此方式下演示文稿通常设定为自动放映,每次播放结束后会自动重新放映。

利用演示文稿的打包功能,可将制作完成的演示文稿文件连同其支持文件一起复制到 CD 或指定文件夹中。默认情况下,演示文稿播放器也包含在打包文件中,那么即使在没有安装 PowerPoint 的计算机上,也可以通过该播放器正常播放打包的演示文稿。

7.4.5 使用母版添加学校的 Logo

具体操作步骤如下:

① 单击"视图"选项卡下的"母版视图"组中的"幻灯片母版"按钮,打开"幻灯片母版"

设置区域，如图 7-70 所示。

图 7-70　单击"幻灯片母版"按钮

② 在打开的"幻灯片母版"编辑区，选择相应版式的幻灯片，添加学院图片 Logo 即可，如图 7-71 所示。其他母版幻灯片操作类似。

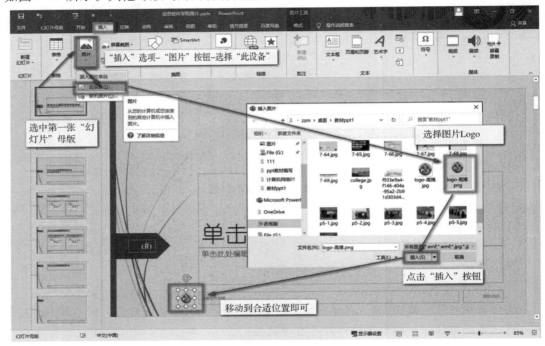

图 7-71　给母版幻灯片添加学院 Logo

③ 添加完成后，单击"关闭母版视图"按钮即可。

知识拓展

幻灯片母版可以看作是一组活动设置，它通常由统一的颜色、字体、图片背景、页面设置、页眉页脚设置、幻灯片方向即图文版式组成。需要注意的是，母版并不是 PowerPoint 模板，它仅是一组设定。母版既可以保存在母版文档内，也可以保存在非模板文档中。一份演示文稿文档，既可以只用一个母版，也可以同时使用多个母版，所以母版与文档并无一一对应的关系。

在 PowerPoint 中可以使用的母版有以下几种。

- 幻灯片母版：仅将其中包含的设置套用在幻灯片上。
- 讲义母版：仅应用于讲义打印。

- 备注母版:当切换为备注视图时,将以备注母版的样式显示。除此之外,打印备注页时,也依据此母版设置的样式打印输出。

使用母版的优势主要表现在以下两个方面。

(1)方便统一样式,简化幻灯片制作。只需要在母版中设置版式、字体、标题样式等,所有使用此母版的幻灯片将自动继承母版的样式、版式等设置。因而使用母版后,可以快速制作出大量样式、风格统一的幻灯片。

(2)方便修改。修改母版后,所做的修改将自动套用到应用该母版的所有幻灯片上,并不需要一一手动修改所有的幻灯片。

7.4.6 小结练习

打开"PowerPoint 素材\任务巩固"文件夹下的"练习 4.pptx",按照下列要求完成对此演示文稿的修饰并保存。

(1)将第 1 张幻灯片的主标题文字的字体设置为黑体,字号设置为 64 磅,加粗,并加下划线。

(2)设置第 2 张幻灯片中图片的动画为"进入"→"自底部飞入"。

(3)将第 3 张幻灯片的背景填充预设为"中等渐变-个性色 6",类型为"线性",方向为"线性向下"。

(4)使用"画廊"主题修饰全文,设置放映方式为"观众自行浏览(窗口)"。

(5)打包演示文稿至原文。

7.5 项目实战——在线图书管理信息系统答辩演示文稿

学习目标

本项目是制作一个"在线图书管理信息系统答辩演示文稿",用于毕业学生进行毕业设计答辩演示。本项目以软件学院毕业生毕业设计答辩为例,讲解如何制作一个简单的毕业设计答辩文稿。通过本次项目课程的学习,同学们可以掌握如何设计和制作答辩演示文件。

【例7-5】 为"在线图书管理信息系统答辩演示文稿"新建一个 PPT 文档,保存文件名为:"答辩文稿.pptx",打开"答辩文稿.pptx"文件进行如下操作:

(1)新建第 1 张标题幻灯片,在标题处输入"在线图书管理信息系统答辩",在副标题处输入"答辩人:×××,日期:××××年××月××日";设置标题格式为黑体、48 号、加粗,设置标题之外的文字格式为楷体、22 号。

（2）新建第 2 张"标题和内容"版式的幻灯片，在标题区域输入"目录"，内容区域输入"项目选题背景""项目开发技术""项目完成效果""项目总结"；将内容区域转换成 SmartArt 图，类型为"基本 V 形流程"，修改字体大小为适合位置，再给 SmartArt 更改颜色。

（3）新建第 3 张"标题和内容"版式的幻灯片，在标题区域输入"项目选题背景"，在内容区域输入"本项目是研究对图书进行在线查看，租借等一些研究；前端使用的是 HTML5，后台使用的是 Java 语言，数据库使用的是 MySQL。"；设置内容字体为宋体，字号为 22 磅，行距为 1.5 倍；再插入一张 book.png 图片，并将之移至合适位置；设置文字动画为向上浮入，图片动画为左侧飞入。

（4）新建第 4 张"仅标题"版式的幻灯片，在标题区域输入"项目开发技术"，在空白处插入一张 4 行 2 列的表格，输入下表中的内容，表内文字中部居中，并将表移动到合适位置。

开发选项	开发工具
后台语言	Java 语言
数据库	MySQL 数据库
服务器	Tomcat 服务器

（5）新建第 5 张"内容与标题"版式的幻灯片，在标题区域输入"项目完成效果"，在左边文本区输入"本页将展示在线图书管理信息系统登录界面，可以输入用户名和密码完成登录效果"，在右边文本区域插入登录的界面图；设置图片为"居中矩形阴影"，宽度为 12 厘米，高度为 8 厘米。

（6）新建第 6 张空白幻灯片，插入艺术字"渐变填充:金色,主题色 4;边框:金色,主题色 4"，文字为"谢谢大家，再见！"；设置水平距左上角 13 厘米，垂直距左上角 11 厘米。

（7）设置所有幻灯片切换效果为"右侧旋转"，使用"离子会议室"主题进行修饰。

（8）设置幻灯片编号和页脚，页脚处输入"在线图书管理信息系统答辩"，除了第 1 张幻灯片外不要显示幻灯片编号和页脚。

（9）给第 2 张幻灯片中的"项目选题背景""项目开发技术""项目完成效果"分别设置超链接，分别链接到第 3 张、第 4 张和第 5 张幻灯片。

（1）制作第 1 张幻灯片

具体操作步骤如下：

① 单击"开始"选项卡的"幻灯片"组中的"新建幻灯片"按钮，在下拉列表中选择"标题幻灯片"，如图 7-72 所示。

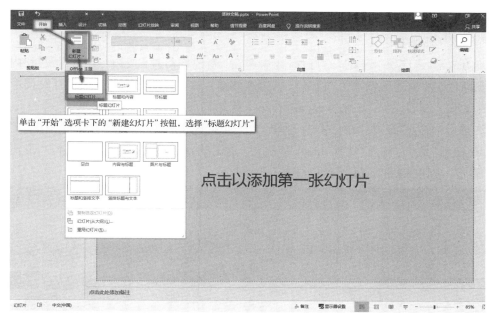

图 7-72　新建答辩文稿第 1 张幻灯片

② 在标题区域输入"在线图书管理信息系统答辩",在副标题处输入"答辩人:×××,日期:××××年××月××日"。

③ 选中标题"在线图书管理信息系统答辩"文字,在"开始"选项卡下的"字体"组中设置字体为黑体,大小为 40 磅,加粗;再选中副标题文字,设置字体为楷体,大小为 22 磅,如图 7-73 所示。

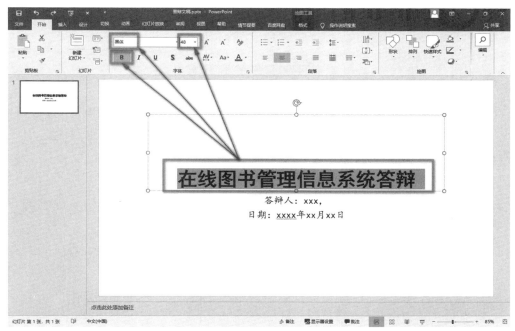

图 7-73　完成答辩文稿第 1 张幻灯片的设计

（2）制作第 2 张幻灯片

具体操作步骤如下：

① 在"开始"选项卡下的"幻灯片"组中单击"新建幻灯片"按钮，选择"标题和内容"。在新建的幻灯片标题区域输入"目录"，内容区域输入"项目选题背景""项目开发技术""项目完成效果""项目总结"。此过程与制作第 1 张幻灯片中步骤①操作一样。

② 选中内容区域文字并右击，在弹出的快捷菜单中执行"转换为 SmartArt"→"其他 SmartArt 图形"命令，打开"选择 SmartArt 图形"对话框，在"流程"中选择"基本 V 形流程"，单击"确定"按钮，如图 7-74 所示。

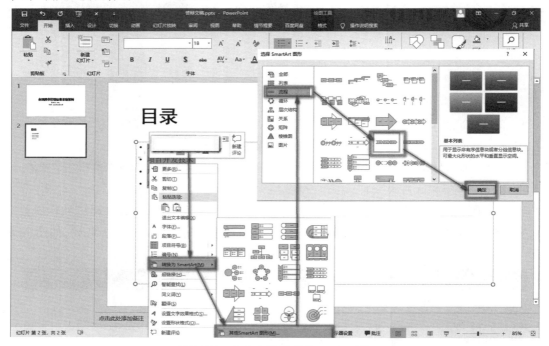

图 7-74 将文字转换成 SmartArt 图

③ 修改字体大小为适合位置，再给 SmartArt 更改颜色，具体设置为单击"SmartArt 图-设计"选项卡下的"SmartArt 样式"组中的"更改颜色"按钮，选择其中一种"彩色"，如图 7-75 所示。

演示文稿软件 PowerPoint 2016　第 7 章

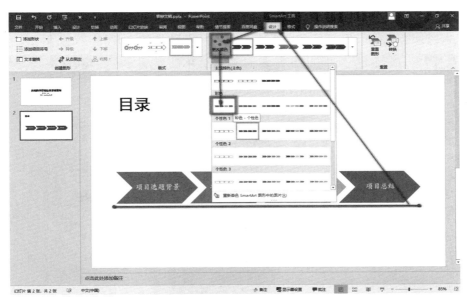

图 7-75　新建答辩文稿第 2 张幻灯片

（3）制作第 3 张幻灯片

具体操作步骤如下：

① 单击"开始"选项卡下的"幻灯片"组中的"新建幻灯片"按钮，在下拉列表中选择"标题和内容"。在新建的幻灯片标题区域输入"项目选题背景"，内容区域输入"本项目是研究对图书进行在线查看，租借等一些研究；前端使用的是 HTML5，后台使用的是 Java 语言，数据库使用的是 MySQL。"。此过程与制作第 1 张幻灯片中步骤①操作一样。

② 选择内容中的文字，在"开始"选项卡下的"字体"组中设置字体为宋体，字号为 22 磅，行距为 1.5 倍，如图 7-76 所示。

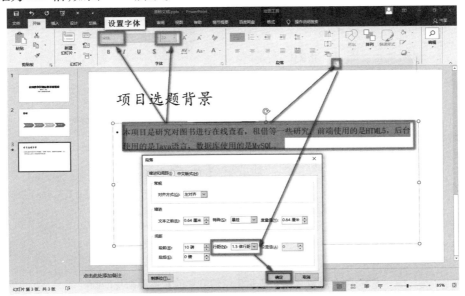

图 7-76　设置答辩文稿第 3 张幻灯片的文字和段落格式

③ 单击"插入"选项卡下的"图像"组中的"图片"按钮,在下拉列表中选择"此设备",打开"插入图片"对话框,找到图片 book.jpg,单击"打开"按钮,如图 7-77 所示。

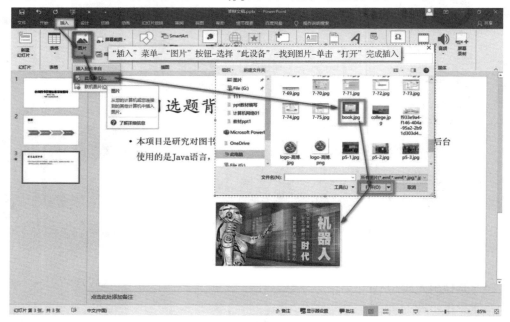

图 7-77　在答辩文稿第 3 张幻灯片中插入图片

④ 首先选中文字内容,单击"动画"选项卡下的"动画"组中的"浮入",在"效果选项"中选择"上浮";再选中图片,在"动画"选项卡的"动画"组中选择"飞入",在"效果选项"中选择"自左侧",如图 7-78 所示。

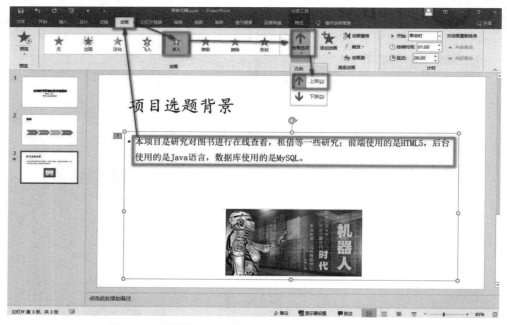

图 7-78　设置答辩文稿第 3 张幻灯片的文字和图片动画

(4) 制作第 4 张幻灯片

具体操作步骤如下：

① 在"开始"选项卡下的"幻灯片"组中单击"新建幻灯片"按钮，选择"仅标题"幻灯片。在新建的幻灯片标题区域输入"项目开发技术"。此过程与第 1 张幻灯片中步骤①操作一样。

② 在"插入"选项卡的"表格"组中单击"表格"按钮，在下拉列表中选择"插入表格"命令，打开"插入表格"对话框，在"行数"输入框中输入"4"，在"列数"输入框中输入"2"，单击"确定"按钮，然后输入如图 7-78 所示文字，再将表格移至合适位置即可，如图 7-79 所示。

图 7-79　在答辩文稿第 4 张幻灯片中插入表格

(5) 制作第 5 张幻灯片

具体操作步骤如下：

① 在"开始"选项卡的"幻灯片"组中单击"新建幻灯片"按钮，在下拉列表中选择"内容与标题"幻灯片。在新建的幻灯片标题区域输入"项目完成效果"。在左边文本区输入"本页将展示在线图书管理信息系统登录界面，可以输入用户名和密码完成登录效果"。此过程与第 1 张幻灯片中步骤①操作一样。

② 在右边文本区域插入登录的界面图 login.jpg，选中图片，会出现"图片二具—格式"选项卡，在"图片样式"组中选择"居中矩形阴影"选项；在"大小"组中，设置宽度为 12 厘米，高度为 8 厘米，如图 7-80 所示。

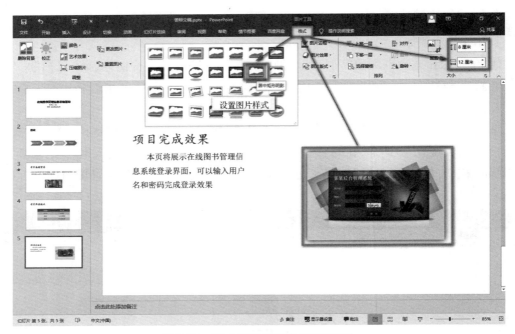

图 7-80 完成答辩文稿第 5 张幻灯片

（6）制作第 6 张幻灯片

具体操作步骤如下：

① 在"开始"选项卡下的"幻灯片"组中单击"新建幻灯片"按钮，在下拉列表中选择"空白"幻灯片。

② 在"插入"选项卡下的"文本"组中单击"艺术字"按钮，选择"渐变填充：金色，主题色 4；边框：金色，主题色 4"艺术字，如图 7-81 所示。

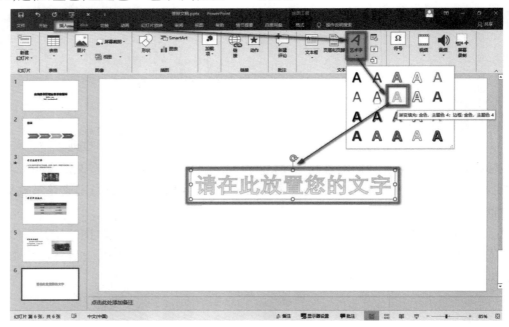

图 7-81 在答辩文稿第 6 张幻灯片中插入艺术字

③ 修改文本内容为"谢谢大家,再见!",选中艺术字,单击"绘图工具—格式"选项卡中"大小"组右下角的按钮,在"位置"中修改水平和垂直位置(设置水平距左上角13厘米,垂直距左上角11厘米),如图7-82所示。

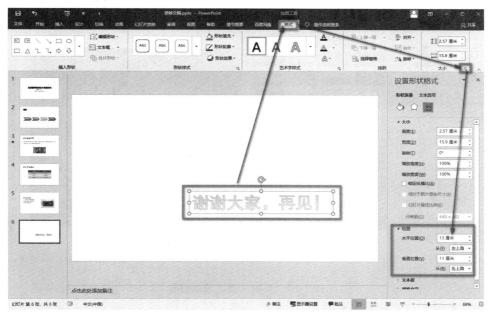

图7-82　完成答辩文稿第6张幻灯片艺术字的设置

(7) 设置幻灯片的切换方式和主题

具体操作步骤如下:

① 在"切换"选项卡下的"切换到此幻灯片"组中选择"旋转",单击"效果选项"按钮,选择"自右侧",单击"应用到全部"按钮,如图7-83所示。

图7-83　答辩文稿切换方式的设置

② 在"设计"选项卡下的"主题"组中选择"离子会议室"进行修饰，如图 7-84 所示。

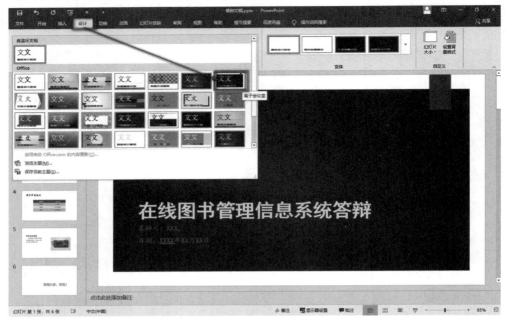

图 7-84　答辩文稿主题的设置

（8）设置幻灯片的编号和页脚

具体操作步骤如下：

① 在"插入"选项卡下的"文本"组中单击"页眉和页脚"按钮，弹出"页眉和页脚"对话框。

② 勾选"幻灯片编号""页脚""标题幻灯片中不显示"复选框，然后在页脚下面输入框中输入"在线图书管理信息系统答辩"，单击"全部应用"按钮，即完成设置，如图 7-85 所示。

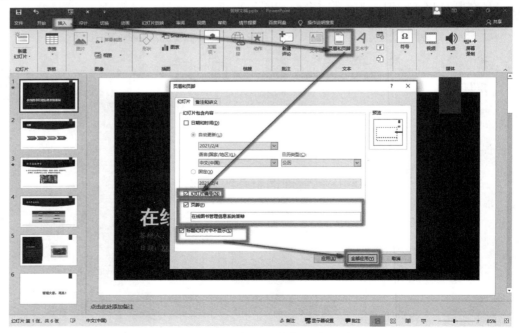

图 7-85　答辩文稿编号和页脚的设置

（9）设置超链接

具体操作步骤如下：

① 选择第 2 张幻灯片，选中"项目选题背景"文字，在"插入"选项卡下的"链接"组中单击"链接"按钮。

② 在弹出的"插入超链接"对话框中，选择"本文档中的位置"，再选择"3.项目选题背景"，单击"确定"按钮，即可完成设置，如图 7-86 所示。

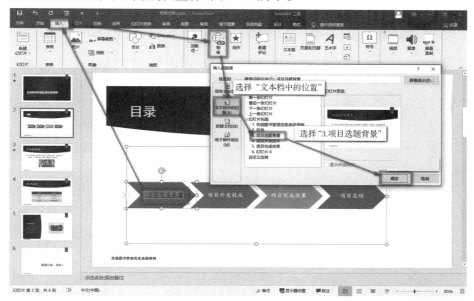

图 7-86　答辩文稿的超链接设置

按照同样的方法设置其他两个文本超链接。

最终完成的"答辩文稿.pptx"效果图如图 7-87 所示。

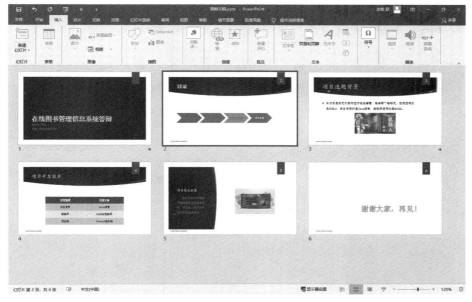

图 7-87　最终答辩文稿效果图

参 考 文 献

[1] 鸦伟,朱新建.计算机应用基础[M].苏州:苏州大学出版社,2017.

[2] 郭夫兵.计算机基础实验与习题指导[M].苏州:苏州大学出版社,2007.

[3] 熊燕,杨宁.大学计算机基础:Windows 10 + Office 2016:微课版[M].北京:人民邮电出版社,2019.

[4] 肖睿,雷刚跃.Hadoop & Spark 大数据开发实战[M].北京:中国水利水电出版社,2017.

[5] 潘瑞芳,徐芝琦,张宝军.数据库技术与实战:大数据浅析与新媒体应用[M].北京:电子工业出版社,2018.

[6] 尚涛,刘建伟.大数据系统安全技术实践[M].北京:电子工业出版社,2020.

[7] 刘春阳,张学龙,刘丽军.Hadoop 大数据开发[M].北京:中国水利水电出版社,2018.

[8] 闫利霞,李艳.大学计算机基础教程[M].西安:西安交通大学出版社,2016.

[9] 黑马程序员.计算机网络技术及应用[M].北京:人民邮电出版社,2019.

[10] 孙浩,秦虎锋.大学计算机应用基础[M].苏州:苏州大学出版社,2020.

[11] 刘炎,肖乐,贲黎明.计算机基础[M].2版.苏州:苏州大学出版社,2018.

[12] 杜思明.中文版 Office 2016 实用教程[M].北京:清华大学出版社,2017.

[13] 李博.光子计算机的发展状况[J].福建电脑,2013,29(10):77—78,140.

[14] 王廷江.谈谈光子计算机[J].现代物理知识,2004,16(03):31—32.

[15] 杨燕妮,刘鹏,李川江.浅谈光子计算机[J].科技视界,2016(07):136—137.